QIYE XINXING XUETUZHI

企业新型学徒制培训教材

电子工艺基础

人力资源社会保障部教材办公室　组织编写

中国劳动社会保障出版社

图书在版编目(CIP)数据

电子工艺基础 / 人力资源社会保障部教材办公室组织编写. -- 北京：中国劳动社会保障
出版社，2019

企业新型学徒制培训教材
ISBN 978 - 7 - 5167 - 3922 - 8

Ⅰ.①电…　Ⅱ.①人…　Ⅲ.①电子技术-职业培训-教材　Ⅳ.①TN

中国版本图书馆 CIP 数据核字(2019)第 040955 号

中国劳动社会保障出版社出版发行

(北京市惠新东街 1 号　邮政编码：100029)

*

三河市华骏印务包装有限公司印刷装订　　新华书店经销

787 毫米×1092 毫米　16 开本　9.75 印张　227 千字
2019 年 3 月第 1 版　　2021 年 7 月第 3 次印刷

定价：**28.00** 元

读者服务部电话：(010)64929211/84209101/64921644
营销中心电话：(010)64962347
出版社网址：http://www.class.com.cn

企业新型学徒制培训教材
编审委员会

前　言

为贯彻落实党的十九大精神，加快建设知识型、技能型、创新型劳动者大军，按照中共中央、国务院《新时期产业工人队伍建设改革方案》《关于推行终身职业技能培训制度的意见》有关要求，人力资源社会保障部、财政部印发了《关于全面推进企业新型学徒制的意见》，在全国范围内部署开展以"招工即招生、入企即入校、企校双师联合培养"为主要内容的企业新型学徒制工作。这是职业培训工作改革创新的新举措、新要求和新任务，对于促进产业转型升级和现代企业发展、扩大技能人才培养规模、创新中国特色技能人才培养模式、促进劳动者实现高质量就业等都具有重要的意义。

为配合企业新型学徒制工作的推行，人力资源社会保障部教材办公室组织相关行业企业和职业院校的专家，编写了系列全新的企业新型学徒制培训教材。

该系列教材紧贴国家职业技能标准和企业工作岗位技能要求，以培养符合企业岗位需求的中、高级技术工人为目标，契合企校双师带徒、工学交替的培训特点，遵循"企校双制、工学一体"的培养模式，突出体现了培训的针对性和有效性。

企业新型学徒制培训教材由三类教材组成，包括通用素质类、专业基础类和操作技能类。首批开发出版《入企必读》《职业素养》《工匠精神》《安全生产》《法律常识》等16种通用素质类教材和专业基础类教材。同时，统一制订新型学徒制培训指导计划（试行）和各教材培训大纲。在教材开发的同时，积极探索"互联网＋职业培训"培训模式，配套开发数字课程和教学资源，实现线上线下培训资源的有机衔接。

企业新型学徒制培训教材是技工院校、职业院校、职业培训机构、企业培训中心等教育培训机构和行业企业开展企业新型学徒制培训的重要教学规范和教学资源。

本教材由张宪、卢小林、张大鹏、韩凯鸽编写，李子玉、赵利军审稿。教材在编写中得到北京市职业培训指导中心、天津市军事交通学院、首钢技师学院的大力支持，在此表示衷心感谢。

企业新型学徒制培训教材编写是一项探索性工作，欢迎开展新型学徒制培训的相关企业、培训机构和培训学员在使用中提出宝贵意见，以臻完善。

人力资源社会保障部教材办公室

目　录

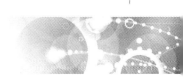

第 **1** 章

常用电子元器件

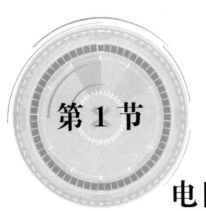

第 1 节

电阻器的性能与检测

　　电阻器是电路元件中应用最广泛的一种，在电子设备中约占元件总数的 30％ 以上，其质量的好坏对电路工作的稳定性有极大影响。电阻器主要用途是稳定和调节电路中的电流和电压，其次还可作为分流器、分压器和消耗电能的负载等。

　　按结构电阻器可分为固定式、可变式和敏感式三大类。

　　固定式电阻器一般称为电阻，根据制作材料和工艺不同，可分为膜式电阻、实芯式电阻、金属线绕电阻。

　　膜式电阻包括碳膜电阻、金属膜电阻、合成膜电阻和氧化膜电阻等。

　　实芯式电阻包括有机实芯电阻和无机实芯电阻。

　　金属线绕电阻包括通用线绕电阻、精密线绕电阻、功率型线绕电阻、高频线绕电阻。

　　可变式电阻器分为滑线式变阻器和电位器。其中应用最广泛的是电位器。

　　敏感式电阻包括光敏电阻、热敏电阻、压敏电阻、湿敏电阻、气敏电阻、力敏电阻、磁敏电阻。

一、电阻器的性能指标

1. 电阻器的型号命名

电阻器的型号命名详见表 1—1。

表 1—1 　　　　　　　　　　　　　　　电阻器的型号命名

第一部分		第二部分		第三部分		第四部分
用字母表示主称		用字母表示材料		用数字或字母表示特征		用数字表示序号
符号	意义	符号	意义	符号	意义	
R	电阻器	T	碳膜	1、2	普通	
RP	电位器	P	硼碳膜	3	超高频	
		U	硅碳膜	4	高阻	包括额定功率、阻值、允许误差、精度等级
		C	沉积膜	5	高温	
		H	合成膜	7	精密	

续表

第一部分		第二部分		第三部分		第四部分
用字母表示主称		用字母表示材料		用数字或字母表示特征		用数字表示序号
符号	意义	符号	意义	符号	意义	
		I	玻璃釉膜	8	电阻器——高压	
		J	金属膜（箔）		电位器——特殊函数	
		Y	氧化膜	9	特殊	
		S	有机实芯	G	高功率	
		N	无机实芯	T	可调	
		X	线绕	X	小型	
		R	热敏	L	测量用	
		G	光敏	W	微调	
		M	压敏	D	多圈	

示例：RJ71－0.125－5.1kⅠ电阻器型号的命名含义。

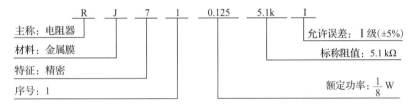

由此可见，这是精密金属膜电阻器，其额定功率为 $\frac{1}{8}$ W，标称电阻值为 5.1 kΩ，允许误差为±5%。

2. 电阻器的主要性能指标

电阻器的主要性能指标有标称阻值和允许误差、额定功率、最大工作电压、温度系数、电压系数、噪声电动势、高频特性、老化系数等。

3. 电阻器的标称阻值

标称阻值是指电阻器表面上标出的电阻值。其单位为欧（Ω），或标以千欧（kΩ）、兆欧（MΩ）。对热敏电阻器则指 25℃时的阻值。标称阻值系列见表1—2。

任何固定电阻器的阻值都应符合表1—2所列数值乘以 10^n Ω，其中 n 为整数。

表1—2　　　　　　　　　　标称阻值

允许误差	系列代号	标称阻值系列
±5%	E24	1.0　1.1　1.2　1.3　1.5　1.6　1.8　2.0　2.2　2.4　2.7　3.0　3.3　3.6　3.9　4.3　4.7　5.1　5.6　6.2　6.8　7.5　8.2　9.1
±10%	E12	1.0　1.2　1.5　1.8　2.2　2.7　3.3　3.9　4.7　5.6　6.8　8.2
±20%	E6	1.0　1.5　2.2　3.3　4.7　6.8

4. 电阻器的允许误差等级

允许误差是指电阻器和电位器实际阻值对于标称阻值的最大允许误差范围。它表示产品的精度。一个电阻器的实际阻值不可能绝对等于标称阻值，总是有一定偏差的，两者间的偏差允许范围称为允许误差。一般允许误差小的电阻器，其阻值精度就高，稳定性也好，但生产要求也相应提高，成本提高，价格也就贵些。电阻器的电阻允许误差应根据电路或整机实际要求来选用。例如，通常的电子制作实验对电阻精度大多无特殊要求，可选用普通型的电阻器（允许误差为±5％、±10％、±20％均可）；在测量仪表（如万用表）及精密仪器中，对许多电阻器都要求高精度（如±1％、±0.5％等），不能选用普通精度的电阻器。

允许误差等级见表1—3。线绕电阻器允许误差一般小于±10％，非线绕电阻器的允许误差一般小于±20％。

表1—3　　　　　　　　　　　　　允许误差等级

级别	005	01	02	Ⅰ	Ⅱ	Ⅲ
允许误差	±0.5％	±1％	±2％	±5％	±10％	±20％

电阻器的阻值和误差，一般都用数字标印在电阻器上，但一些体积很小的合成电阻器，其阻值和误差常用色环来表示，如图1—1所示。它是在靠近电阻器的一端画有四道或五道（精密电阻）色环。其中，第一道色环、第二道色环以及精密电阻的第三道色环都表示其相应位数的数字；其后的一道色环则表示前面数字再乘以 10^n；最后一道色环表示阻值的允许误差。各种颜色所代表的意义见表1—4。

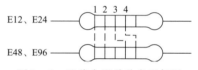

图1—1　阻值和误差的色环标记

表1—4　　　　　　　　　　　　　色环颜色的意义

颜色＼数值	黑	棕	红	橙	黄	绿	蓝	紫	灰	白	金	银	本色
代表数值	0	1	2	3	4	5	6	7	8	9			
允许误差		F（±1％）	G（±2％）			D（±0.5％）	C（±0.25％）	B（±0.1％）			J（±5％）	K（±10％）	±20％

例如，四色环电阻器的第一、二、三、四道色环分别为棕、绿、红、金色，则该电阻的阻值和误差分别为：

$$R＝（1×10＋5）×10^2\ \Omega＝1\,500\ \Omega（误差为±5％）$$

5. 电阻器的额定功率

电阻器的额定功率是在规定的环境温度和湿度下，假定周围空气不流通，在长期连续负载而不损坏或基本不改变性能的情况下，电阻器上允许消耗的最大功率。当超过额定功率时，电阻器的阻值将发生变化，甚至发热烧毁。不同材料的电阻器额定功率与电阻器外形尺寸及应用的环境温度有关。在选用时，根据电阻器的额定功率和环境温度的不同，应当留有不同的裕量。为保证电阻器安全工作，一般选其额定功率比它在电路中消耗的功率高1～2倍。

额定功率分19个等级，常用的有 $\frac{1}{20}$ W、$\frac{1}{8}$ W、$\frac{1}{4}$ W、$\frac{1}{2}$ W、1 W、2 W、4 W、5 W等。

在电路图中，电阻器额定功率的符号表示法如图1—2所示。

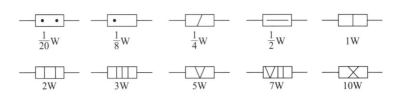

$\frac{1}{20}$ W　　$\frac{1}{8}$ W　　$\frac{1}{4}$ W　　$\frac{1}{2}$ W　　1 W

2 W　　3 W　　5 W　　7 W　　10 W

图 1—2　额定功率的符号表示法

实际中应用较多的电阻器额定功率有 $\frac{1}{4}$ W、$\frac{1}{2}$ W、1 W、2 W。线绕电阻器应用较多的

有 2 W、3 W、5 W、10 W 等。

电阻器的额定功率系列见表 1—5。

表 1—5　　　　　　　　　　　　电阻器的额定功率系列

类别	额定功率系列
线绕电阻	0.05 W、0.125 W、0.25 W、0.5 W、1 W、2 W、4 W、8 W、10 W、16 W、25 W、40 W、50 W、75 W、100 W、150 W、250 W、500 W
非线绕电阻	0.05 W、0.125 W、0.25 W、0.5 W、1 W、2 W、5 W、10 W、25 W、50 W、100 W

二、电阻器的选用

电阻器的选用是一项较复杂的工作。要想正确选用好各种电阻器，必须根据前面所介绍的电阻器的基本知识、电阻器的参数、各类型电阻器的性能特点，按各种电子设备电路实际要求进行选用。

图 1—3 所示为常用的几种电阻器实物图。

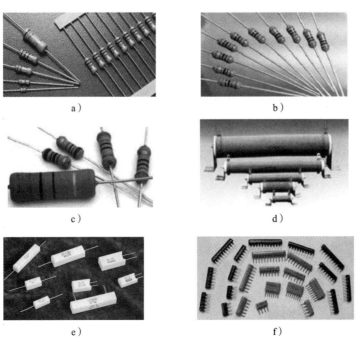

a)　　　　　　　　　　　　　　b)

c)　　　　　　　　　　　　　　d)

e)　　　　　　　　　　　　　　f)

第 ❶ 章　常用电子元器件

图1—3　常用的几种电阻器实物

a）碳膜电阻　b）金属膜电阻　c）金属氧化膜电阻　d）大功率涂漆线绕电阻器

e）水泥电阻　f）直插排阻　g）贴片电阻　h）贴片排阻

除了上述电阻器外，还有特殊类型的电阻器，如棒状电阻器、管状电阻器、片状电阻器、纽扣状电阻器，以及具有双重功能的熔断电阻器等。应根据电子电路及装置的使用条件和电路中的具体要求来选用，不要片面采用高精度的。电阻器选用必须满足的主要参数是阻值和额定功率。

1.　优先选用标准系列的电阻器

在电子装置装配中，要优先选用标准系列的电阻器。这样，既能满足使用要求，又方便经济。如果选用非标准系列的电阻器，可能不容易找到，既不方便也不经济，同时也会给今后的维修工作带来一定的困难，因为以后要想找替换电阻器更是不容易。另外，从生产管理、降低成本（生产节约）方面着想，也应优先选用标准系列的电阻器。

2.　正确选用电阻器的功率

在电子装置装配中，所选用电阻器的功率，原则上按电路图样上所标注的数据选用就可以了。因为原先电路对要选用的电阻器功率数据，一般都做了细致考虑，不要再重新加大其裕量了。至于对那些标注不清的，要进行核算，有必要时，选用的电阻器要加上裕量，以确保电路安全工作。例如，电路需要 1 W 的电阻器，那么，实际选用电阻器功率要大一些，一般选用额定功率为 2 W 的电阻器。在实际应用中，选用功率型电阻器的额定功率都要高于电路实际要求功率 1 倍或 2 倍才行，否则很难保障电路正常安全工作。

3.　选用电阻器时的注意事项

（1）根据电子设备的技术指标和电路的具体要求选用电阻的型号和误差等级。

（2）为提高设备的可靠性，延长使用寿命，应选用额定功率大于实际消耗功率 1.5～2 倍的电阻器。

（3）电阻装接前应进行测量、核对，尤其是在精密电子装置装配时，还需经人工时效处理，以提高稳定性。

（4）在装配电子装置时，若所用非色环电阻，则应将电阻标称值标识朝上，且标识顺序一致，以便于观察。

（5）电阻固定焊接在接线架上时，较大功率的线绕电阻应用螺钉或支架固定，以防因振动而折断引线或造成短路，损坏设备。

（6）焊接电阻时，烙铁停留时间不宜过长，以免电阻长时间受热引起阻值变化，影响设备正常工作。

（7）选用电阻时应根据电路中信号频率的高低来选择。一个电阻可等效成一个 R、L、

C 二端线性网络，如图 1—4 所示。不同类型的电阻，R、L、C 三个参数的大小有很大差异。线绕电阻本身是电感线圈，所以不能用于高频电路中。薄膜电阻中，电阻器上刻有螺旋槽的工作频率在 10 MHz 左右，未刻螺旋槽的（如 RY 型）工作频率则更高。

（8）电路中如需串联或并联电阻来获得所需阻值时，应考虑其额定功率。阻值相同的电阻串联或并联，额定功率等于各个电阻额定功率之和；阻值不同的电阻串联时额定功率取决于高阻值电阻，并联时取决于低阻值电阻，且需计算方可应用。

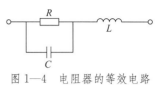

图 1—4　电阻器的等效电路

（9）电阻在存放和使用过程中，都应保持漆膜完整，不要互相碰撞、摩擦。否则，漆膜脱落后电阻防潮性能降低，容易使导电层损坏，造成条状导电带断裂，电阻失效。

三、电阻器的检测与安装

1. 电阻器使用前的检测

电阻器在使用前必须逐个检查，应先检查一下外观有无损坏、引线是否生锈、端帽是否松动。尤其是组装较复杂的电子装置时，由于电阻多，极易搞错。要检查电阻器的型号、标称阻值、功率、误差等，还要从外观上检查一下引脚是否受伤，漆皮是否变色。最好用万用表测量一下阻值（见图 1—5），测好后分别记下，并把它顺序插到一个纸板盒上，这样用时就不会搞错了。测量电阻时，注意手不要同时搭在电阻器的两脚上，以免造成测量误差。

用数字式万用表测量电阻器，所得阻值更为精确。测量方法如图 1—6 所示。

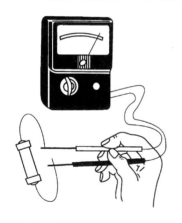

图 1—5　用万用表测量电阻的方法

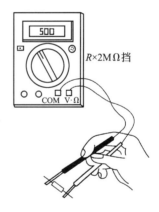

图 1—6　用数字万用表测量电阻器

将数字式万用表的红表笔插入"V·Ω"插孔，黑表笔插入"COM"插孔，之后将量程开关置于电阻挡（根据阻值确定），将数字式万用表的电源开关拨至"ON（开）"的位置，再将红表笔与黑表笔分别与被测电阻器的两个引脚相接，显示屏上便能显示出被测电阻器的阻值。

如果测得的结果为阻值无穷大，数字式万用表显示屏左端显示"1"或者"−1"，这时应选择稍大量程进行测量。

用数字式万用表测量电阻器时无须调零。

2. 电阻器的安装

电阻器在安装前，要把电阻器的引线刮光镀锡，确保焊接牢固可靠；尤其在高增益放大

电路中，更要防止虚焊，否则会引起严重噪声。

电阻器安装时，其引线不要过长或过短，小型电阻器的引线不要短于 5 mm。焊接时用钳、镊夹住引线根部，以防焊接热量影响电阻器质量。高频电路中，使用的电阻器的引线不要过长，以减小分布电感、电容。

电阻器的引线需要打弯时，应在距根部 3～5 mm 处打弯，并且不要反复弯曲。

电阻器在安装时，要将其标识向上或向外，便于测试和维修；并且将其两端安装在可靠的支点上，防止因振动造成短路、断路。安装发热较高的电阻器，要注意对周围其他元器件的影响，并采取适当措施。

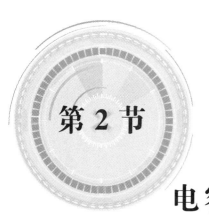

第2节

电容器的性能与检测

一、电容器的性能指标

电容器是由两个金属电极中间夹一层绝缘体（也叫电介质）构成。在两个电极间加上电压时，电极上就储存电荷。所以电容器实际上就是储存电能的元件。电容器具有阻止直流电通过，而允许交流电通过的特点。电容器是电子仪表和设备中不可缺少的重要元件之一。

1. 电容器的型号命名

电容器型号命名法见表1—6。电容器的型号一般由以下几部分组成：

（1）第一部分用一字母表示产品主称代号。电容器代号用字母 C 表示。

（2）第二部分为电容器介质材料代号。电容器介质材料代号用一个字母表示。

（3）第三部分类别代号，一般用字母表示特征和分类，个别类型用数字表示。例如，字母 G 表示高功率型电容器，字母 W 表示微调电容器。

表1—6 电容器型号命名法

第一部分		第二部分		第三部分		第四部分
用字母表示主称		用字母表示材料		用字母表示特征		用字母或数字表示序号
符号	意义	符号	意义	符号	意义	
C	电容器	C	瓷介	G	高功率	
		I	玻璃釉	T	铁电	
		O	玻璃膜	W	微调	
		Y	云母	J	金属化	
		V	云母纸	X	小型	
		Z	纸介	S	独石	
		J	金属化纸	D	低压	
		B	聚苯乙烯	M	密封	
		F	聚四氟乙烯	Y	高压	
		L	涤纶（聚酯）	C	穿心式	

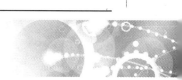

续表

第一部分		第二部分		第三部分		第四部分
用字母表示主称		用字母表示材料		用字母表示特征		用字母或数字表示序号
符号	意义	符号	意义	符号	意义	
		S	聚碳酸酯			包括品种、尺寸代号、温度特性、直流工作电压、标称值、允许误差、标准代号
		Q	漆膜			
		H	纸膜复合			
		D	钽电解			
		A	铝电解			
		G	金属电解			
		N	铌电解			
		T	钛电解			
		M	压敏			
		E	其他材料电解			

（4）第四部分用阿拉伯数字表示序号。

示例：CJX－250－0.33－±10％电容器型号的命名含义。

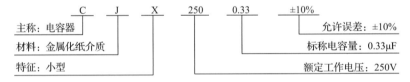

```
        C    J    X    250    0.33    ±10%
主称：电容器                              允许误差：±10%
材料：金属化纸介质                        标称电容量：0.33μF
特征：小型                                额定工作电压：250V
```

2. 电容器的主要性能指标

（1）允许误差。实际电容量常与标称电容量存在一定的偏差，称为电容量误差（或偏差）。电容器实际电容量对于标称电容量的允许最大偏差范围，称为电容量允许误差。例如，纸介电容器通常按其电容量允许误差分为以下几级：Ⅰ级为±5％、Ⅱ级为±10％、Ⅲ级为±20％。电容量允许误差等级见表1—7。

表1—7　　　　　　　　　　　　　　　电容量允许误差等级

级别	01	02	Ⅰ	Ⅱ	Ⅲ	Ⅳ	Ⅴ	Ⅵ
允许误差	±1％	±2％	±5％	±10％	±20％	＋20％～－30％	＋50％～－20％	＋100％～－10％

（2）耐压。耐压指电容器所能承受的最大直流工作电压，在此电压下电容器能够长期可靠地工作而不被击穿，所以耐压也称额定直流工作电压，其单位是伏特，用符号 V 表示。

电容器的耐压程度和电容器中介质的种类及其厚度有关，还和使用的环境温度、湿度有关。例如，用云母介质就比用纸和陶瓷做介质的耐压高；介质越厚，耐压越高；湿度越大，耐压越低。所以在选用电容器时，必须要注意该电容器的耐压指标，它也常被标注在电容器的外壳上。例如，当电容器上写有 DC 400 V 字样时，就表示该电容器能承受的最大直流工作电压为 400 V。

3. 电容器的标称容量

为了生产和选用的方便，国家规定了各种电容器电容量的系列标准值。电容器大都是按 E24、E12、E6、E3 优选系列进行生产的。实际选择时通常应按系列标准要求，否则可能难以购到。标称容量通常标于电容器的外壳上。

E24～E3 系列固定电容器标称容量及允许偏差值参见表 1—8。实际应用的标称容量，可按表 1—8 所列数值再乘以 10^n，其中指数 n 为正整数或负整数。

表 1—8　　　　　　　　　　　　电容器的标称容量值

系列	允许偏差	标称容量值
E24	±5%	1.0、1.1、1.2、1.3、1.5、1.6、1.8、2.0、2.2、2.4、2.7、3.0、3.3、3.6、3.9、4.3、4.7、5.1、5.6、6.2、6.8、7.5、8.2、9.1
E12	±10%	1.0、1.2、1.5、1.8、2.2、2.7、3.3、3.9、4.7、5.6、6.8、8.2
E6	±20%	1.0、1.5、2.2、3.3、4.7、6.8、
E3	大于±20%	1.0、2.2、4.7

二、电容器的选用

1. 电容器的选用方法

（1）型号合适。一般用于低频、旁路等场合，电气特性要求低时，可采用纸介、有机薄膜电容器；在高频电路和高压电路中，应选用云母或瓷介电容器；在电源滤波、去耦、延时等电路中，采用电解电容器。

（2）精度合理。在大多数情况下，对电容器的容量要求并不严格，例如在去耦、低频耦合电路中；但在振荡回路、延时电路、音调控制电路中，电容器的容量应尽可能和计算值一致。在各种滤波器中，要求精度值应在±0.3%～±0.5%范围内。

（3）额定工作电压应有裕量。因为电容器额定工作电压低于电路工作电压时，电容器就可能击穿。一般来说，额定工作电压高于电路工作电压20%。

（4）通过电容器的交流电压和电流值不能超过额定值。有极性的电解电容器不宜在交流电路中使用，但可以在脉动电路中使用。

（5）因地制宜选用。气候炎热、工作温度较高的环境，设计时宜将电容器远离热源或采取通风降温措施。寒冷地区使用普通电解电容器时，其电解液易于结冰而失效，使电子装置无法工作，因而适宜选择钽电解电容器。在湿度大的环境中，应选用密封型电容器。

2. 选用电容器时的注意事项

（1）电容器装接前应注意进行测量，看其是否短路、断路或漏电严重，并在装入电路时使电容器的标识易于观察，且标识顺序一致。

（2）电路中，电容器两端的电压不能超过电容器本身的工作电压。装接时注意正、负极不能接反。

（3）当现有电容器与电路要求的容量或耐压不合适时，可以采用串联或并联的方法予以适应。当两个工作电压不同的电容器并联时，耐压值取决于工作电压低的电容器；当两个容量不同的电容器串联时，容量小的电容器所承受的电压高于容量大的电容器。

（4）技术要求不同的电路，应选用不同类型的电容器。例如，谐振回路中需要介质损耗小

的电容器，应选用高频陶瓷电容器（CC 型）；隔直、耦合电容可选纸介、涤纶、电解等电容器；低频滤波电路一般应选用电解电容器；旁路电容可选涤纶、纸介、陶瓷和电解电容器。

（5）选用电容器时应根据电路中信号频率的高低来选择。一个电容器可等效成一个 R、L、C 二端线性网络，如图 1—7 所示。不同类型的电容器其等效参数 R、L、C 的差异很大。等效电感大的电容器（如电解电容器）不适合用于耦合、旁路高频信号，等效电阻大的电容器不适合用于 Q 值要求高的振荡回路中。为满足从低频到高频滤波旁路的要求，在实际电路中，常将一个大容量的电解电容器与一个小容量的、适合于高频的电容器并联使用。

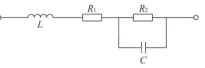

图 1—7　电容器的等效电路

几种常用固定电容器的实物图如图 1—8 所示。

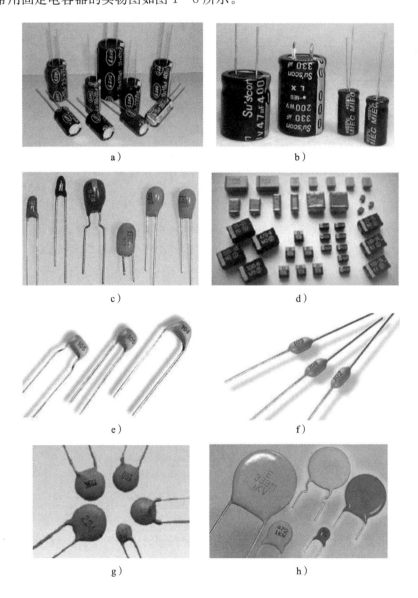

a)

b)

c)

d)

e)

f)

g)

h)

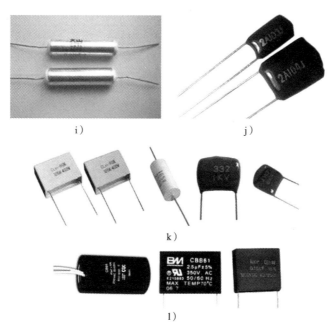

图1—8 几种常用固定电容器的实物图

a) 电解电容 b) 高压电解电容 c) 引线钽电容 d) 贴片钽电容 e) 积层陶瓷电容（径向引线）

f) 积层陶瓷电容（轴向引线） g) 瓷片电容 h) 高压瓷片电容 i) 金属化纸介电容

j) 聚酯（涤纶）电容 k) 金属化聚酯膜电容 l) 金属化聚丙烯膜电容

一个电容器的性能可以用标称电容量、电容量允许误差、耐压（或叫额定直流工作电压）、绝缘电阻等主要参数来衡量。

三、电容器的检测

1. 电容器质量测试

一般来说，利用万用表的欧姆挡就可以简单地测量出电解电容器的优劣，粗略地辨别其漏电、容量衰减或失效的情况。具体方法是：选用"$R\times 1$ k"或"$R\times 100$"挡，将黑表笔接电容器的正极，红表笔接电容器的负极，若表针摆动大，且返回慢，返回位置接近∞，说明该电容器正常，且电容量大；若表针摆动大，但返回时表针显示的阻值较小，说明该电容漏电流较大；若表针摆动很大，接近于 0 Ω，且不返回，说明该电容器已击穿；若表针不摆动，则说明该电容器已开路，失效。

该方法也适用于辨别其他类型的电容器。但如果电容器容量较小时，应选择万用表的"$R\times 10$ k"挡测量。另外，如果需要对电容器再一次测量时，必须将其放电后方能进行。

测试时，应根据被测电容器的容量来选择万用表的电阻挡，详见表1—9。

表1—9　　　　　　　　　测量电容器时对万用表电阻挡的选择

名称	电容器的容量范围	所选万用表欧姆挡
小容量电容器	5 000 pF 以下、0.022 μF、0.033 μF、0.1 μF、0.33 μF、0.47 μF 等	$R\times 10$ kΩ 挡

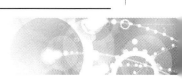

续表

名称	电容器的容量范围	所选万用表欧姆挡
中等容量电容器	3.3 μF、4.7 μF、10 μF、22 μF、33 μF、47 μF、100 μF	$R×1\ kΩ$ 挡或 $R×100\ Ω$ 挡
大容量电容器	470 μF、1 000 μF、2 200 μF、3 300 μF 等	$R×10\ Ω$ 挡

如果要求更精确的测量，可以用交流电桥和 Q 表（谐振法）来测量，这里不做介绍。

2. 用万用表对 μF 级电容器进行测试

μF 级电容器，包括表 1—9 中所列的容量为 0.022～3 300 μF 的电容器，用万用表对其测试方法如图 1—9 所示。

在测试前，应根据被测电容器容量的大小，参考表 1—9 将万用表的量程开关拨至合适的挡位。由于此时万用表既是电容器的充电电源（表内电池），又是电容器充放电的监视器，所以操作起来极为方便。为了便于操作，这里将黑表笔换成黑色鳄鱼夹，夹住电容器的一脚，其另一脚与红表笔接触时，万用表指针先向右边偏转一定角度（表内电池对电容器充电），然后很快向左边返回到"∞"处，表示对电容器充电完毕。对于小容量电容器而言，由于其容量小，所以充电电流也很小，乃至还未观察到万用表指针的摆动便回到"∞"处。这时，可将鳄鱼夹与表笔交换一下，再接触电容器引脚时，指针仍向右摆动一下后复原，但这一次向右摆动的幅度应比前一次大。这是因为电容器上已经充电，交换表笔后便改变了充电电源的极性，电容器要先放电再进行充电，所以万用表指针偏转角度较前次大。

如果测试的是大容量电解电容器，在交换表笔进行再次测量之前，须用螺钉旋具的金属杆与电解电容器的两个引脚短接一下，放掉前一次测试中被充上的电荷，以避免因放电电流太大而致使万用表指针打弯。

3. 用数字式万用表对小容量电容器进行测试

利用 DT‐890 型数字式万用表可以直接测出小容量电容器的电容值，方法如图 1—10 所示。

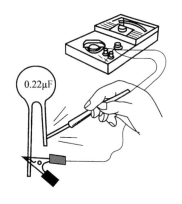

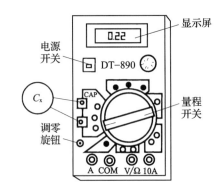

图 1—9　用万用表对 μF 级电容器的测试　　　图 1—10　用数字式万用表测量小容量电容器

根据被测电容器的标称电容值，选择合适的电容量程 CAP，如 2 μF 挡（该表有 2 000 pF、20 nF、200 nF、2 μF、20 μF 五挡），调整调零旋钮（仅作测量电容器用），使初始值（即空载电容值，指没插入电容器之前显示屏所显示数值）为"000"或"−000"，然后将被测电容器 C_x 插入数字式万用表的 CAP 插座中，万用表显示屏立即显示出被测电容器的电容量。

如果还要检测 C_x 对外力与加温后的稳定性，可采用如下方法：

（1）用竹制夹或塑料夹夹住待测电容器 C_x 的壳体（即在电容器上施加外力），正常时，C_x 的电容量在数字式万用表的显示屏上不应发生变化。如果被测电容器电容量发生变化，则表明其质量不佳，其内部叠片间存在着空隙。注意不可用金属夹去夹电容器，因为这会影响对电容器的检测效果。

（2）检测被测电容器的热稳定性。用电吹风对准被测电容器逐步升温至 60～80℃，同时观察数字式万用表的读数是否有变化。对于合格的电容器，这样的温度变化影响不大，数字式万用表的电容值读数是稳定的，或者说没有明显的变化。若在对 C_x 逐步升温的过程中，数字式万用表的读数有明显的跳变，则说明此电容器内部存在缺陷，数字式万用表的读数变化越大，说明该电容器的性能越差。

第 **1** 章　常用电子元器件

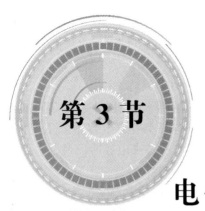

第 3 节

电位器的功能与检测

电位器是由一个电阻体和一个转动或滑动系统组成的。在家用电器和其他电子设备电路中，电位器常用来作为可调的无线电电子元件。电位器是从可变电阻器发展派生的电阻器的另一分支。它可以用来分压、分流和作为变阻器使用。在晶体管收音机、CD 机、DVD 机中，常用电位器阻值的变化来控制音量的大小，有的兼作开关使用。

一、电位器的分类

电位器是一种具有三个接头的可变电阻器，其阻值在一定范围内连续可调。

电位器按电阻体材料，可分为薄膜和线绕两种。薄膜电位器又可分为 WTX 型小型碳膜电位器、WTH 型合成碳膜电位器、WS 型有机实芯电位器、WHJ 型精密合成膜电位器和 WHD 型多圈合成膜电位器等。线绕电位器的代号为 WX。一般线绕电位器的误差不大于 ±10%，非线绕电位器的误差不大于 ±2%。其阻值、误差和型号均标在电位器上。

电位器按调节机构的运动方式，可分为旋转式和直滑式。

电位器按结构，可分为单联、多联、带开关、不带开关等。开关形式又有旋转式、推拉式、按键式等。

电位器按用途，可分为普通电位器、精密电位器、功率电位器、微调电位器和专用电位器等。

电位器按阻值随转角的变化关系，可分为线性电位器和非线性电位器。

常用电位器的实物图如图 1—11 所示。常用电位器的外形和符号如图 1—12 所示。

电位器阻值的单位与电阻器相同，基本单位也是欧姆，用符号"Ω"表示。由基本单位导出的单位有 kΩ、MΩ 等。

电位器的主要参数有标称阻值、额定功率、分辨率、滑动噪声、阻值变化规律、耐磨零位电阻、温度系数等。

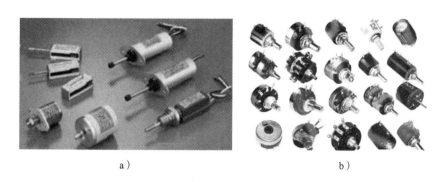

图 1—11 常用电位器的实物图

a）直滑式电位器　b）旋转式电位器

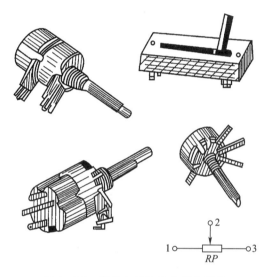

图 1—12 常用电器位的外形和符号

二、电位器的选用与安装

电位器的种类很多，同一种电位器又有许多不同规格型号的产品。同样是合成碳膜电位器，其结构特点和调节方法也不同。从结构上看，有单连无开关的合成碳膜电位器，有单连带开关的合成碳膜电位器；有双连同轴带开关的合成碳膜电位器，有双连异轴无开关的合成碳膜电位器；有单圈合成碳膜电位器，有多圈合成碳膜电位器等。从调节方法看，有直滑式和旋转式合成碳膜电位器，有半可调和微调合成碳膜电位器等。所以电位器的选用比较复杂，对于具体电路应选用什么样的电位器，应从多方面考虑来满足具体电路的要求。

电位器是一个可调的电子元件，用它作分压器时，当调节电位器的转轴或滑柄时，动触点随之移动，在输出端就能得到连续变化的输出电压。当电位器作为变阻器用时，在电位器行程范围可以得到一个平滑连续变化的阻值。电位器作为电流调节元件，便成为电流控制器，其中一个选定的电流输出端必须是滑动触点引出端。选用电位器时，应根据使用要求选择不同类型和不同结构的电位器，同时要满足电子设备对电位器的性能及主要参数的要求。

电位器的安装要牢固可靠，应该拧紧的螺钉一定要紧固牢靠。因电位器是经常要调节的元件，若其松动变位与电路中其他元件相碰，会发生电路故障。尤其是带开关的电位器和电源相连，更要注意这一点。

安装微调电位器时，应注意安装工艺方法，各种微调电位器可分布在特定印制电路板上，但只有一个入口方向可进行调节。因此，必须精心排列所有电路元件，使全部微调电位器能沿同一方向进行调节而不影响相邻元件。也可将许多微调电位器编组，把组件用螺钉和角铁架安装在电路板上。

焊接电位器时，要注意电烙铁的加热温度和焊接时间，不能使接线柱和电位器受热过度，否则容易损坏电位器。焊接时，电位器的安放位置应避免焊锡和焊药向电位器内部流动。插针式半可变电位器可以直接插入印制电路板上进行焊接，这样焊装可同时实现电路连接和机器安装。为安全调节电位器，可在印制电路插孔周围设计足够大的铜箔焊盘。

三、电位器的检测

电位器的符号用 RP 表示，电路图形符号如图 1—13a 所示，作分压器时的电路如图 1—13b 所示，作变阻器时的电路如图 1—13c 所示。

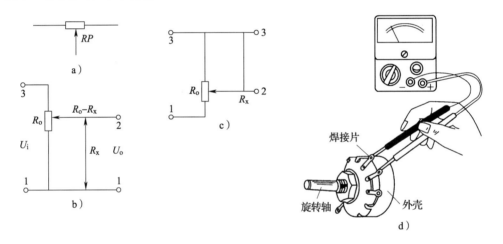

图 1—13　电位器符号、功能及其测试方法

电位器的接线原理是这样的：当外加电压 U_i 加在电阻器 R_o 的 1 端与 3 端时，动触点 2 端即把电阻器分成 R_x 和 R_o-R_x 两部分，而输出电压 U_o 则是动触点 2 端到 1 端的电压。因此，作电位器时它是一个四端元件，如图 1—13b 所示。

电位器也可作为变阻器使用，这时 R_o 的 2 端与 3 端接成一个引出端，动触点在电阻器 R_o 上滑动时，可以平滑地改变其电阻值，如图 1—13c 所示。

用万用表测试线绕电位器的方法如图 1—13d 所示。图中的焊接片即为电阻体引出的 1～3 端。黑表笔接触的是 1 端，又叫上抽头；红表笔接触的是 2 端，又叫中抽头；红表笔以下是 3 端，又叫下抽头。

测试电位器时，应首先测试其阻值是否正常，即用红、黑表笔与电位器的上、下抽头相接触，观察万用表指示的阻值是否与电位器外壳上的标称值一致；然后再检查电位器的中抽头与电阻体的接触情况（见图 1—13d），即用一支表笔接中抽头，另一支表笔接上抽头（或下抽头），慢慢地将转轴从一个极端位置旋转至另一个极端位置，被测电位器的阻值应从零（或标称值）连续变化到标称值（或零）。在旋转转轴的过程中，若万用表指针平稳移动，说明被测电位器是正常的；若指针抖动（左右跳动），则说明被测电位器有接触不良现象。

电位器的种类很多，掌握了线绕电位器的测试方法，测试其他种类的电位器时也就得心应手了。

第❶章 常用电子元器件

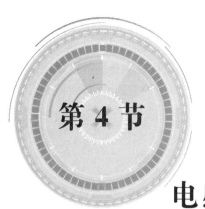

第4节

电感器的功能与检测

凡能产生电感作用的元件统称电感器。一般的电感器是用漆包线、纱包线或镀银铜线等在绝缘管上绕一定圈数而构成的，所以又称电感线圈。电感器和电阻器、电容器一样，也是一种重要的电子元件，在电路图中常用字母"L"来表示。

鉴别电感器性能的指标有电感量、线圈的Q值（品质因数）、分布电容、标称电流等参数。

为了增大电感器的电感量、Q值并缩小其体积，通常在电感器的线圈中加入软磁性材料的磁芯或铁芯，这种插入了磁芯或铁芯的电感器叫作磁芯线圈或铁芯线圈，而没有加磁芯或铁芯的电感器叫作空心线圈，它们的实物图如图1—14所示。线圈的结构及其在电路图中的表示符号如图1—15所示。

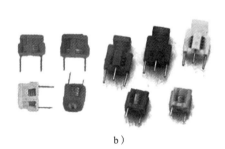

a）   b）

图1—14 电感线圈实物图

a）空心电感线圈 b）模压可调磁芯电感线圈

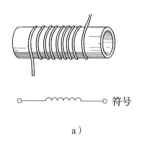
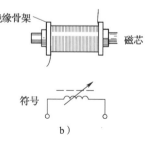

a）   b）

图1—15 线圈的结构和符号

a）空心电感线圈 b）模压可调磁芯电感线圈

电感器的种类很多，可分别用作调谐、耦合、滤波、阻流等。

一、电感器的分类和型号

1. 电感器的分类

根据电感器的电感量是否可调，电感器分为固定电感器、可变电感器和微调电感器。

（1）固定电感器。具有固定不变的电感量的电感器称为固定电感器。

（2）可变电感器。可变电感器的电感量可利用磁芯在线圈内移动而在较大的范围内调节。它与固定电容器配合应用于谐振电路中起调谐作用。例如，收音机用的磁性天线，磁芯可以在线圈中移动，磁芯在线圈的正中位置时电感量最大，磁芯移出线圈外时电感量最小。

（3）微调电感器。微调电感器是可以在较小范围内调节的电感器。微调的目的在于满足整机调试的需要和补偿电感器生产中的分散性，一次调好后一般不再变动。

按磁芯结构的不同，微调电感器有多种形式，如螺纹磁芯微调电感器、罐形磁芯微调电感器等。

除此之外，还有一些小型电感器，如色码电感器、平面电感器和集成电感器，可满足电子设备小型化的需要。

2. 电感器的型号

电感线圈的型号目前尚无统一的命名方法，常用汉语拼音和阿拉伯数字共同表示。

第一部分——主称，用字母表示（如 L 为线圈，ZL 为扼流圈）。

第二部分——特征，用字母表示（如 G 为高频）。

第三部分——类型，用字母表示（如 X 为小型），也有用数字表示的。

第四部分——区别代号，用字母 A、B、C……表示。

3. 电感器的选用

绝大多数电子元器件，如电阻器、电容器、扬声器等，都是生产部门根据规定的标准和系列进行生产供选用。而电感线圈只有一部分如阻流圈、低频阻流圈、振荡线圈和 LC 固定电感线圈等是按规定的标准生产出来的产品，绝大多数电感线圈是非标准件，往往要根据实际需要自行制作。电感线圈的应用极为广泛，如 LC 滤波电路、调谐放大电路、振荡电路、均衡电路、去耦电路等都会用到电感线圈。

在选电感器时，首先应明确其使用频率范围。铁芯线圈只能用于低频，一般铁氧体线圈、空心线圈可用于高频。其次要弄清线圈的电感量。

线圈是磁感应元件，它对周围的电感性元件有影响。安装时一定要注意电感性元件之间的相互位置，一般应使相互靠近的电感线圈的轴线互相垂直，必要时可在电感性元件上加屏蔽罩。

二、电感器的检测

取一个调压器 TA、被测电感器 L_x 和一个电位器 RP，按图 1—16 所示进行接线，便构成了一个电感量测试电路。

第**1**章 常用电子元器件

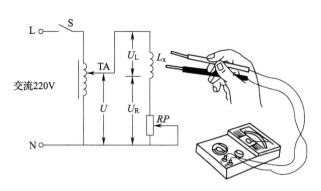

图 1—16　万用表对电感量的测试

　　调节电位器 RP 使得其阻值为 3 140 Ω，闭合开关 S，调节调压器 TA，使 $U_R = 10$ V，通过下式便可计算出被测电感器的电感量。

$$L_x = \frac{RP}{100\pi} \cdot \frac{U_L}{U_R} = \frac{3\ 140}{100 \times 3.14} \times \frac{U_L}{10}$$

　　这就是说，在上述条件下，L_x 上的压降数值就是电感量数值。如果万用表测出 U_L 单位为 V（伏特），则电感量的单位就是 H（亨利）。由于 H 单位很大，而一般电感器的电感量很小，为测试方便，一般宜选用数字式万用表的 mV 挡。

　　对电感量的测量也可采用估测的方法。一般用于高频的电感器，圈数较少，有的只有几圈，其电感量一般只有几微亨；用于低频的电感器，圈数较多，其电感量可达数千微亨；而用于中频段的电感器，电感量为几百微亨。了解这些，对于用万用表所测得的结果具有一定的参考价值。

　　在家用电器维修中，如果怀疑某个电感器有问题，通常用简单的测试方法判断它的好坏，如图 1—17 所示。

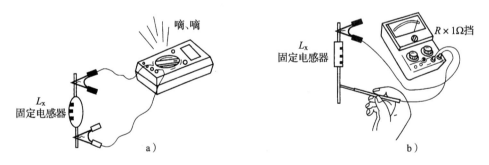

图 1—17　万用表对电感器好坏的测试

　　图 1—17a 所示为通断测试，可通过数字式万用表来进行。先将数字式万用表的量程开关拨至"通断蜂鸣"符号处，用红、黑表笔接触电感器两端，如果阻值较小，表内蜂鸣器则会鸣叫，表明该电感器可以正常使用。

　　图 1—17b 所示为用普通万用表测试电感器。当怀疑电感器在印制电路板上开路或短路时，可采用万用表的 $R \times 1$ Ω 挡，在停电的状态下，测试电感器 L_x 两端的阻值。一般高频电感器的直流内阻在零点几欧姆到几欧姆之间，低频电感器的内阻在几百欧姆至几千欧姆之

间，中频电感器的内阻在几欧姆到几十欧姆之间。测试时要注意，有的电感器圈数少或线径粗，直流电阻很小，即使用 $R \times 1\ \Omega$ 挡进行测试，阻值也可能为零，这属于正常现象（可用数字式万用表测量）；如果阻值很大或为无穷大时，表明该电感器已经开路。

三、使用和装配电感器时应注意的问题

（1）线圈的装配位置应合理。线圈的装配位置与其他各种元器件的相对位置要符合设计的规定，否则将会影响整机的正常工作。例如，简单的半导体收音机中的高频阻流圈与磁性天线的位置要安排合理，天线线圈与振荡线圈应相互垂直，这就避免了相互耦合和自激振荡的影响。

（2）线圈在装配时应进行外观检查。使用前，应检查线圈的结构是否牢固，线匝是否有松动和松脱现象，引线接点有无松动，磁芯旋转是否灵活，有无滑扣等。这些方面都检查合格后，再进行安装。

（3）线圈在使用过程的微调方法。有些线圈在使用过程中需要进行微调，依靠改变线圈圈数又很不方便，因此，选用时应考虑到微调的方法。例如单层线圈可采用移开靠端点的数圈线圈的方法，即预先在线圈的一端绕上 3～4 圈，在微调时，移动其位置就可以改变电感量。实践证明，这种调节方法可以实现微调 ±2%～ ±3% 的电感量。应用在短波和超短波回路中的线圈，常留出半圈作为微调，移开或折转这半圈使电感量发生变化，实现微调，如图 1—18 所示。多层分段线圈的微调，可以移动一个分段的相对距离来实现，可移动分段的圈数应为总圈数的 20%～30%。实践证明，这种微调范围可达 10%～15%。具有磁芯的线圈，可以通过调节磁芯在线圈管中的位置，实现线圈电感量的微调。

（4）使用中应注意保持原有电感量。线圈在使用中，不要随便改变线圈的形状、大小和线圈间的距离，否则会影响线圈的电感量。尤其是频率越高，这种影响越大。所以，目前在电视机中采用的高频线圈，一般用高频蜡或其他介质材料对线圈进行密封固定。另外，应注意在维修中不要随意改变或调整原线圈的位置，以免导致失谐故障。

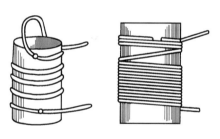

图 1—18　单层线圈的微调方法

（5）可调线圈的安装应便于调整。可调线圈应安装在易于调节的位置，以便于调整线圈的电感量，达到最佳的工作状态。

第5节

变　压　器

一、变压器的结构

不同类型的变压器，尽管因使用场合、工作要求不同，其外形、体积和质量有很大差别，但是它们的基本结构都是由铁芯和绕组组成的。变压器的结构和表示符号如图1—19所示。

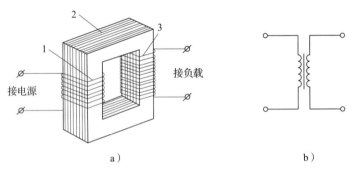

a）　　　　　　　　　　　　　　b）

图1—19　变压器的结构和符号

a）变压器的结构　b）变压器的符号

1——一次绕组　2—闭合铁芯　3—二次绕组

变压器按铁芯的结构不同，又可分为心式和壳式两种，如图1—20和图1—21所示。

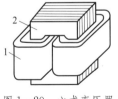

图1—20　心式变压器

1—绕组　2—铁芯

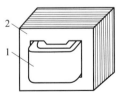

图1—21　壳式变压器

1—绕组　2—铁芯

二、变压器的作用

变压器是具有变换电压、变换电流和变换阻抗作用的电气设备，在电力系统及电子仪器仪表中应用非常广泛。

1. 变换电压

经理论推导可知，变压器一、二次电压之比等于一、二次绕组的匝数之比。即：

$$\frac{U_1}{U_2}=\frac{N_1}{N_2}=K$$

式中 K 称为变压器的变比。当 $K>1$ 时，变压器起降压作用；反之，若 $K<1$，变压器起升压作用。

2. 变换电流

变压器一、二次绕组的电流 I_1 与 I_2 之比等于变压器一、二次绕组匝数比的倒数。即：

$$\frac{I_1}{I_2}=\frac{N_2}{N_1}=\frac{1}{K}$$

比较以上两式可知，变压器的电压之比与电流之比互为倒数。这是由于变压器输送的功率是符合能量守恒定律的，其高压绕组电流小，低压绕组电流大。

3. 变换阻抗

在变压器二次绕组连接的负载阻抗 Z_L 变化时，Z_L 对一次绕组电流 I_1 的影响可以用一个接于一次绕组的等效阻抗 Z'_L 来代替。即：

$$Z'_L=\left(\frac{N_1}{N_2}\right)^2 Z_L$$

由于变压器具有这种阻抗变换的作用，故在电子线路中常利用变压器达到阻抗匹配的目的。

三、变压器的额定数据

为了安全、正确地使用变压器，必须了解变压器铭牌上规定的额定数据。变压器铭牌上的主要数据有以下几种。

（1）额定容量。指变压器二次侧输出的额定视在功率，以 V·A（伏安）或 kV·A（千伏安）为单位。额定容量 S_N 和二次额定电压 U_{2N}、额定电流 I_{2N} 的关系，对于单相变压器为：

$$S_N=U_{2N}I_{2N}$$

对于三相变压器为：

$$S_N=\sqrt{3}U_{2N}I_{2N}$$

必须指出，变压器二次侧输出的功率 P_2 并不等于额定容量 S_N，因为 P_2 还与功率因数有关。

（2）额定电压。额定电压是根据变压器的绝缘强度和允许温升而规定的电压值，以 V（伏）或 kV（千伏）为单位。一次电压额定值 U_{1N} 是指变压器一次侧应加的电压值。U_{2N} 是二次侧的额定电压，它是指变压器空载时，一次绕组加上额定电压 U_{1N} 时二次侧的端电压。在三相变压器中，一次和二次额定电压都是指线电压。

（3）额定电流。额定电流 I_{1N}、I_{2N}是指变压器在正常运行时允许通过的最大电流，它是根据变压器允许温升而规定的电流值，以 A（安）或 kA（千安）为单位。在三相变压器中额定电流是指线电流。

（4）额定频率。我国规定为 50Hz。

（5）额定温升。变压器在额定运行情况下，内部的温度允许超出规定的环境温度（+40℃）的数值。对于使用 A 级绝缘材料的变压器，允许温升为 65℃。

（6）相数。单相或三相。

此外，还有其他一些数据，如铁芯质量、总质量、冷却条件等。

第6节

晶体二极管的使用与检测

一、半导体及其特性

半导体是一种导电能力介于导体与绝缘体之间的物质。常用的半导体有硅（Si）和锗（Ge）等。导体、半导体和绝缘体导电性能的差异，在于它们的原子结构不同、运载电荷的粒子——载流子的浓度不同。金属导体中的载流子是带负电的自由电子，而且浓度很高，所以在外电场作用下，使导体表现出较好的导电性能。绝缘体中的载流子浓度极低，所以几乎不导电。半导体内部虽然有带负电的自由电子和带正电的空穴两种载流子，但它们的浓度比导体中的载流子浓度低得多，所以半导体的导电能力比导体差而比绝缘体好。

1. P 型半导体和 N 型半导体

在纯净的半导体材料硅或锗中掺入微量的磷或锑等五价元素后，所获得的掺杂半导体称为电子型半导体或 N 型半导体。这种半导体的多数载流子为电子，少数载流子为空穴。

在纯净的半导体材料硅或锗中掺入微量的铟或镓等三价元素后，所得到的掺杂半导体称为空穴型半导体或 P 型半导体。这种半导体的多数载流子是空穴，少数载流子是电子。

由于掺杂半导体中的载流子浓度比纯净半导体高，所以可通过控制掺杂元素的种类和数量来获得各种导电类型和不同导电能力的半导体。

2. PN 结及其特性

用特殊工艺把 P 型和 N 型半导体结合在一起后，在它们交界面上所形成的特殊带电薄层称为 PN 结，如图 1—22 所示。由图可知，PN 结在 P 型材料（称为 P 区）一侧带负电，在 N 型材料（称为 N 区）一侧带正电，形成一个内电场，该电场的方向由 N 区指向 P 区。通常，内电场的电压数值，对硅材料来说约为 0.7 V，对锗材料来说约为 0.3 V。

把 P 区接电源正极，N 区接电源负极的接法称为正向接法。正向接法也称正向偏置，简称正偏，此时加在 PN 结上的电压就称正向电压。反之，P 区接电源负极，N 区接电源正极的接法，就称反向接法。反向接法也称反向偏置，简称反偏，此时加在 PN 结上的电压称反向电压。

PN 结具有单向导电的特性。所谓单向导电性，就是加正向电压时 PN 结导通，加反向电压时 PN 结截止，即正偏导通、反偏截止。

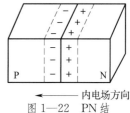

图 1—22 PN 结

内电场方向

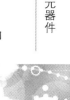

PN 结的单向导电性如图 1—23 所示。在图 1—23a 中，正向电压削弱了内电场，使 PN 结变薄，P 区的多数载流子——空穴大量流过 PN 结到达电源负极，N 区的多数载流子——电子大量流过 PN 结到达电源正极，于是在电路中就形成了正向电流。在图 1—23b 中，反向电压增强了内电场，使 PN 结变厚，P 区的空穴和 N 区的电子都无法通过 PN 结，因此无正向电流。但此时 P 区的少数载流子电子和 N 区的少数载流子空穴出现定向移动而形成反向电流。然而，因少数载流子的数量极少，所以反向电流很小，通常都忽略不计。

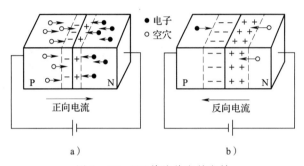

图 1—23　PN 结的单向导电性

a）加正向电压时 PN 结导通　b）加反向电压时 PN 结截止

应注意，加在 PN 结两端的正向电压必须大于内电场的电压才能使 PN 结导通，否则 PN 结不导通。

二、晶体二极管

1. 晶体二极管的结构

晶体二极管的管芯是一个 PN 结。在管芯两侧的半导体上分别引出电极引线，其正极由 P 区引出，负极由 N 区引出，用管壳封装后就制成二极管。

常用的晶体二极管是用硅或锗等半导体材料制成的，目前我国已系列化生产的硅二极管有 2CP、2CZ、2CK 等系列，锗二极管有 2AP、2AK 等系列。

按结构分，二极管有点接触型和面接触型两类，如图 1—24a、b 所示。

点接触型二极管的 PN 结面积小，不能通过较大电流，但高频性能好，一般适用于高频或小功率电路。面接触型二极管的 PN 结面积大，允许通过的电流大，但工作频率低，多用于整流电路。图 1—24c 所示是二极管的符号。部分二极管的实物图如图 1—25 所示。

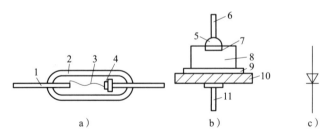

图 1—24　晶体二极管

a）点接触型　b）面接触型　c）表示符号

1—引线　2—外壳　3—触丝　4—N 型锗片　5—铝合金小球　6—阳极引线

7—PN 结　8—N 型硅　9—金锑合金　10—底座　11—阴极引线

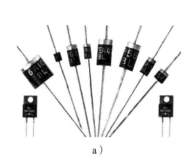 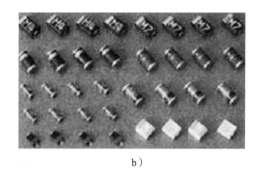

a)   b)

图 1—25　部分二极管的实物图
a) 普通二极管　b) 贴片二极管

2. 二极管的主要参数

（1）最大正向平均电流 I_{FM}。最大正向平均电流又称最大整流电流，是指二极管长期工作时，允许通过的最大正向电流的平均值。

（2）最高反向工作电压 U_{DRM}。U_{DRM} 是指二极管不被击穿所允许施加的最大反向电压。一般规定为反向击穿电压的 1/2 或 2/3。

（3）最大反向电流 I_{RM}。I_{RM} 是指在室温下，二极管承受最高反向工作电压时的反向漏电流。其值越小，二极管的单向导电性越好。当温度升高时，反向电流会显著增加。

3. 二极管的用途

二极管的应用范围很广，利用它的单向导电性，可组成整流、检波、限幅、钳位等电路。在脉冲和数字电路中，二极管常用作开关元件。

4. 二极管的检测

利用万用表的欧姆挡可以简易地判别二极管的极性和判定管子质量的好坏。欧姆表简化地来看就是一个表头串联一个电池，由于电池的正极应接表头的正端，所以万用表上接正端的表笔（一般是红表笔）接在电池的负极上，万用表上接负端的表笔（一般是黑表笔）通过表头接电池的正极。

用万用表测量二极管时，将万用表置于 $R \times 100$ 或 $R \times 1$ k 挡（对于面接触型的大电流整流管可用 $R \times 1$ 或 $R \times 10$ 挡），黑表笔接二极管正极，红表笔接二极管负极，这时正向电阻的阻值一般应在几十欧到几百欧之间。当红、黑表笔对调后，反向电阻的阻值应在几百千欧以上。测量结果如符合上述情况，则可初步判定该被测二极管是好的。

如果正反向测量结果阻值均很小（接近零），说明该被测管内部 PN 结击穿或已短路。反之，如阻值均很大（接近∞），则该管子内部已断路。以上两种情况均说明该被测管已损坏，不能再使用。

如果不知道二极管的极性（正、负极），可用上述方法判断。当阻值小时，即为二极管的正向电阻，和黑表笔相接的一端为正极，另一端为负极。当阻值大时，即为二极管的反向电阻，和黑表笔相接的一端为负极，而另一端为正极。

必须注意：用万用表测量二极管时不能用 $R \times 10$ k 挡，因为在高阻挡中使用的电池电压比较高（有的表中用 22.5 V 的电池），这个电压超过了某些检波二极管的最大反向电压，会将二极管击穿。测量时一般也不用 $R \times 1$ 或 $R \times 10$ 挡，因为欧姆表的内阻只有 12～24 Ω，与

第❶章　常用电子元器件

二极管正向连接时电流很大，容易把二极管烧坏。故测量二极管时最好用 $R\times100$ 或 $R\times1$ k 挡。

三、稳压二极管

1. 稳压二极管工作原理

稳压二极管是一种特殊的面接触型半导体硅二极管简称稳压管，其伏安特性曲线和符号如图 1—26 所示。稳压二极管的实物图如图 1—27 所示。

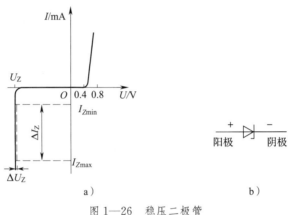

a)　　　　　　　　　　　　　　　　b)

图 1—26　稳压二极管
a) 伏安特性曲线　b) 符号

稳压管的伏安特性与普通二极管相似，但反向击穿电压小，反向击穿区的伏安特性曲线十分陡峭。在反向击穿状态下，反向电流在很大范围变化时，稳压管两端电压变化很小，让稳压管工作在反向击穿状态，就能起稳压作用，这时稳压管两端的电压 U_Z 称为稳定电压。与稳压管稳压范围所对应的电流为 $I_{Zmin} \sim I_{Zmax}$。如果工作电流小于 I_{Zmin}，则电压不能稳定；若工作电流大于 I_{Zmax}，稳压管将因过热而损坏。

图 1—27　稳压二极管的实物图

2. 稳压二极管的检查

稳压管是一个经常工作在反向击穿状态的二极管。稳压管在产生反向击穿以后，其电流便有较大的变化，两端电压变化很小，因而起到稳压作用。稳压管与一般二极管不一样，它的反向击穿是可逆的。当去掉反向电压之后，稳压管又恢复正常。但是，如果反向电流超过允许范围，稳压管将会发生热击穿而损坏。

当使用万用表 $R\times1$ k 挡以下测量稳压二极管时，由于表内电池电压为 1.5 V，这个电压不足以使稳压二极管击穿，所以测量稳压管正、反向电阻时，其阻值应和普通二极管一样。

稳压二极管的主要直流参数是稳定电压 U_Z。要测量其稳压值，必须使管子进入反向击穿状态，所以电源电压要大于被测管的稳定电压 U_Z。这样，就必须使用万用表的高阻挡，例如 $R\times10$ k 挡。这时表内电池是 10 V 以上的高压电池，如 500 型是 10.5 V，108 - 1T 型是 15 V，MF - 19 型是 15 V。

当万用表量程置于高阻挡后，测量稳压二极管反向电阻，若实测时阻值为 R_x，则加在稳压管上的反向电压：

$$U_x = E_g R_x / (R_x + n R_0)$$

式中，n 是所用挡位的倍率数，如所用万用表最高电阻挡是 $R \times 10$ k，即 $n = 10\ 000$；R_0 是万用表中心阻值，例如 500 型是 10 Ω，108 - 1T 型是 12 Ω，MF - 19 型是 24 Ω；E_g 是所用万用表最高挡的电池电压值。

如用 108 - 1T 型万用表测一个 2CW14 稳压二极管。该表 $R_0 = 12$ Ω，在 $R \times 10$ k 挡时 $E_g = 15$ V，实测反向电阻为 95 kΩ，则：

$$U_x = 15 \times 95 \times 10^3 / (95 \times 10^3 + 12 \times 10^4) = 6.64 \text{ V}$$

如果实测阻值 R_x 非常大（接近∞），表示被测管的 U_Z 大于 E_g，无法将被测稳压管击穿；如果实测时阻值 R_x 极小，则是表笔接反了，这时只要将表笔互换就可以了。

第 **①** 章　常用电子元器件

第7节

晶体三极管的使用与检测

一、晶体三极管的结构

晶体三极管（简称晶体管）是放大电路的核心元件。晶体管的出现，给电子技术的应用开辟了更宽广的道路。常见的几种晶体三极管的外形如图1—28所示。

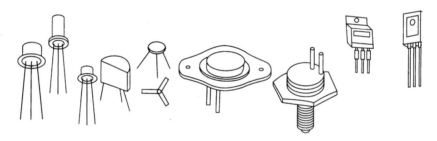

图1—28 常见晶体三极管的外形

部分常见晶体三极管的实物图如图1—29所示。

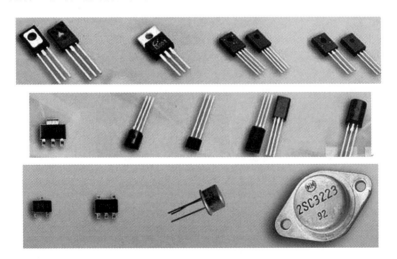

图1—29 常见晶体三极管的实物图

三极管有 NPN 型和 PNP 型两类，其结构和符号如图 1—30 所示。

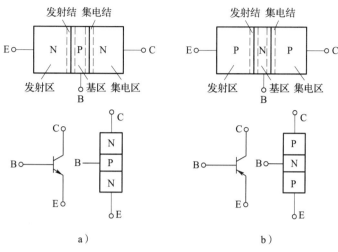

图 1—30　三极管的结构和符号

a）NPN 型　b）PNP 型

三极管有三个电极，即发射极、基极和集电极，分别用字母符号 E、B 和 C 表示。与发射极相连的一层半导体，称为发射区；与集电极相连的一层半导体，称为集电区；在发射区和集电区中间的一层半导体，称为基区，它与两侧的发射区和集电区相比要薄得多，而且杂质浓度很低，因而多数载流子很少。

发射极的功用是发出多数载流子以形成电流。发射极掺入的杂质多，浓度大。

基极起控制多数载流子流动的作用。基极与发射极之间的 PN 结叫发射结。

集电极的功用是收集发射极发出的多数载流子。基极与集电极之间 PN 结的面积大，掺入的杂质比发射极少，这个 PN 结叫集电结。

在晶体管符号中，发射结所标箭头方向为电流流动方向。

二、晶体三极管的主要参数

1. 电流放大系数 β

三极管的电流放大系数有静态电流放大系数和动态电流放大系数。

三极管接成共发射极电路，当输入信号为零时，集电极电流 I_C 与基极电流 I_B 的比值，称为静态（直流）电流放大系数，即：

$$\bar{\beta} = \frac{I_C}{I_B}$$

当输入信号不为零时，在保持 U_{CE} 不变的情况下，集电极电流的变化量 ΔI_C 与基极电流的变化量 ΔI_B 的比值，称为动态（交流）电流放大系数，即：

$$\beta = \frac{\Delta I_C}{\Delta I_B}$$

$\bar{\beta}$ 与 β 具有不同的含义，但在输出特性的线性区，两者数值较为接近，一般不做严格区分。常用的小功率三极管，β 值为 30～200；大功率管的 β 值较小。β 值太小时，三极管的放大能力差；β 值太大时，三极管的热稳定性能差。β 值通常以 100 左右为宜。

第 **1** 章　常用电子元器件

2. 穿透电流 I_{CEO}

当基极开路，集电结处于反向偏置，发射结处于正向偏置的条件下，集电极与发射极之间的反向漏电流称为穿透电流，用 I_{CEO} 表示。

3. 集电极最大允许电流 I_{CM}

集电极电流 I_C 超过一定值时，三极管的 β 值下降。当 β 值下降到正常值的 2/3 时所对应的集电极电流，称为集电极最大允许电流 I_{CM}。

4. 集电极最大允许耗散功率 P_{CM}

集电极电流通过集电结时，产生的功率损耗使集电结温度升高，当结温超过一定数值后，将导致三极管性能变坏，甚至烧毁。为使三极管的结温不超过允许值，规定了集电极最大允许耗散功率 P_{CM}。P_{CM} 与 I_C 和 U_{CE} 的关系为：

$$P_{CM} = I_C U_{CE}$$

5. 反向击穿电压 $U_{(BR)CEO}$

基极开路时，集电极与发射极之间的最大允许电压称为反向击穿电压 $U_{(BR)CEO}$。实际值超过此值将会导致三极管击穿而损坏。

三极管还有其他参数，使用时可根据需要查阅器件手册。

三、晶体三极管的检查

功率在 1 W 以下的晶体三极管，一般称为中小功率晶体三极管。目前中小功率三极管品种较多，各国三极管型号命名方法不同，有的型号正处在新旧交替之中。为了清楚地了解其性能好坏，使用前应进行必要的测量。

1. 用万用表判别管脚

通常在知道三极管的型号后，可以从手册中查到管脚的排列情况。若不知型号，又无法辨认三个管脚时（如国外有些塑封管与国内排列就不一样），可用万用表的电阻挡来判别其管脚（电阻挡用 $R×100$ 挡或 $R×1$ k 挡）。晶体三极管的简易测试与判断方法见表 1—10。

（1）基极的判别。无论是 PNP 型管还是 NPN 型管，内部都有两个 PN 结，即集电结和发射结。根据 PN 结的单向导电性，很容易把基极判别出来，判别方法见表 1—10。

表 1—10　　　　　　　　　　　**晶体三极管的简易测试与判断方法**

1. 管型和电极的简易判断		
判断内容	方法	说明
判断基极 · PNP 型晶体管		可以把晶体三极管看成两个二极管。将正表笔（红色）接某一管脚，负表笔（黑色）分别接另外两管脚，测量两个阻值。如测得的阻值均较小，且为 1 kΩ 左右时，红表笔所接管脚即为 PNP 型晶体管基极；若两阻值一大一小或都大，可将红表笔另接一脚再试，直到两个阻值均较小为止

续表

1. 管型和电极的简易判断		
判断内容	方法	说明
判断基极 / NPN 型晶体管		方法同上。以黑表笔为准，红表笔分别接另两个管脚，测得的阻值均较小，且为 5 kΩ 左右，则黑表笔所接管脚即为 NPN 型三极管基极
判断集电极		利用晶体管正向电流放大系数比反向电流放大系数大的原理可确定集电极。用手将万用表两表笔分别接基极以外的两电极，用嘴含住基极，利用人体电阻实现偏置，测读万用表指示值。再将两表笔对调同样测读，比较两次读数。对 PNP 管，偏转角大的一次中红表笔所接的为集电极；对 NPN 管，偏转角大的一次中黑表笔所接的即为集电极

2. 有关参数的判别（PNP 型管）		
比较内容	方法	说明
高频管和低频管的判别		低频管的反向电流放大系数比正向电流放大系数小得不多，而高频管则小得很多。因此在测反向电流放大系数时，若万用表能看出偏转即为低频管，高频管基本上不偏
穿透电流 I_{ceo}		测集电极—发射极反向电阻，阻值越大，说明 I_{ceo} 越小 一般硅管比锗管阻值大，高频管比低频管阻值大，小功率的比大功率的阻值大。低频小功率管在几十千欧以上 左图为测 PNP 管，测 NPN 管时表笔应对调
共发射极电流放大系数 β	$R=100k\Omega$	如果在上面方法中在三极管基极和集电极间接上 100 kΩ 电阻，测反向电阻时指针将发生偏转，偏转角越大说明 β 越大 左图为测 PNP 管，测 NPN 管时表笔应对调
晶体管稳定性能	手握住	在测 I_{ceo} 的同时，用手捏住管子外壳，由于受人体温度的影响，反向电阻将会开始减小，如果指针偏转速度很快，或有很大的摆动，都说明晶体管稳定性差 左图为测 PNP 管，测 NPN 管时表笔应对调

第 ❶ 章　常用电子元器件

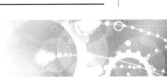

（2）发射极和集电极的判别。当判别出基极以后，其余两个管脚即为发射极和集电极。因为三极管在反向运用时 β 值很低，根据正反向运用时 β 值的明显差异，就可以判别哪个是发射极，哪个是集电极，方法见表1—10。

2. 三极管好坏的判别

由于三极管是由两个PN结构成，用判断二极管好坏的方法即可判断三极管的好坏。

第8节

场效应晶体管的使用与检测

　　场效应晶体管，简称场效应管。其特性和真空三极管相似，是一种电压控制元件，具有输入阻抗高，噪声低，动态范围大，抗干扰、抗辐射能力强等特点，是较理想的电压放大元件和开关元件。

　　场效应晶体管是由一个反向偏置的 PN 结组成的半导体器件，所以又称为单极晶体管。它是利用电压所产生的电场强弱来控制导电沟道的宽窄（即电流的大小），实现放大作用的。按结构的不同，场效应管可分为结型场效应管（JFET）和绝缘栅型场效应管（MOSFET）。它们都有 N 型和 P 型两种导电沟道，分别以耗尽型和增强型两种极性相反的方式工作。当栅压为零时有较大漏极电流的工作方式，称为耗尽型；当栅压为零时漏极电压也为零，必须再加一定的栅压后才能产生漏极电流的工作方式，称为增强型。

一、场效应晶体管的分类

1. 结型场效应管

　　图 1—31 所示为各种结型场效应管的电路符号。沟道的表示方法与普通三极管的基极相似，漏极、源极从沟道上、下对称引出，表示两极可以互换。这种结型场效应管只有在接入电路时才能区分漏极、源极。一般电路中，漏极 D 画在沟道顶部，源极 S 画在沟道底部。箭头表示栅极，同普通三极管一样，箭头指向表示从 P 型指向 N 型材料。所以，图 1—31a 中箭头指向沟道，即为 N 型沟道结型场效应管，这类管子有 3DJ1～3DJ9 系列；图 1—31b 中箭头背离沟道，即为 P 型沟道结型场效应管。

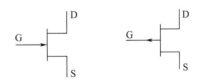

a）　　　　　　　　b）
图 1—31　结型场效应管的电路符号
a）N 型沟道结型场效应管
b）P 型沟道结型场效应管

2. 绝缘栅型场效应管

　　这种场效应晶体管是一种单极型半导体器件，其基本功能是用栅、源极间电压控制漏极电流，具有输入电阻高、噪声低、热稳定性好、耗电小等优点。绝缘栅型场效应管（简称为 MOS 管）的四种管型及特性见表 1—11。

电子工艺基础 ——————————— 企业新型学徒制培训教材 ———————————

表 1—11　　　　　　　　　　　　　绝缘栅型场效应管的四种管型及特性

结构	极性	工作方式	工作电压 U_{GS}	工作电压 U_{DS}	符号	转移特性	输出特性
N 沟道	电子导电	增强型	+	+	G–D/S	I_D–U_{GS} 曲线，$U_{GS(th)}$	$U_{GS}=5V$、4V、3V
		耗尽型	+或−	+	G–D/S	I_D–U_{GS} 曲线，$U_{GS(off)}$	$U_{GS}=+2V$、0V、−2V
P 沟道	空穴导电	增强型	−	−	G–D/S	I_D–U_{GS} 曲线，$U_{GS(th)}$	$U_{GS}=-5V$、−4V、−3V
		耗尽型	+或−	−	G–D/S	I_D–U_{GS} 曲线，$U_{GS(off)}$	$U_{GS}=-2V$、0V、+2V

二、场效应晶体管的引脚识别

结型和绝缘栅型场效应管的实物图如图 1—32 所示。

038

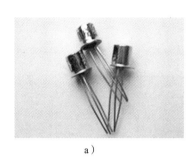 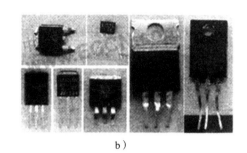

图1—32　结型和绝缘栅型场效应管的实物图

a) 结型场效应管　b) 绝缘栅型场效应管

1. 结型场效应管的引脚识别

国产场效应管主要封装形式如图1—33所示，引脚排列及管型见图注。国产N沟道结型场效应管典型产品有3DJ2、3DJ4、3DJ6、3DJ7，P沟道管有CS1～CS4。日制2SJ系列为P沟道管，2SK系列是N沟道管。美制2N5460～2N5465属P沟道管，2N5452～2N5454、2N5457～2N5459、2N4220～2N4222均属N沟道管。

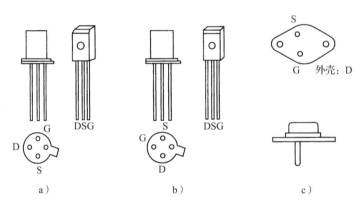

图1—33　场效应管主要封装形式

a) 结型场效应管　b) 绝缘栅型场效应管（MOS管）　c) V—MOS大功率场效应管

场效应管的栅极相当于三极管的基极，源极和漏极分别对应于三极管的发射极和集电极。

对于结型场效应管的电极，可用万用表来判别。方法是将万用表拨到$R \times 1$k挡，首先用黑表笔碰触管子的一脚，然后用红表笔依次碰触另外两个脚。若两次测出的阻值都很大，说明均是反向电阻，属于N沟道场效应管，负表笔接的就是栅极；若两次测出的阻值都很小，说明均是正向电阻，属于P沟道场效应管，负表笔接的也是栅极。由于制造工艺所决定，源极和漏极是对称的，可以互换使用，并不影响电路正常工作，所以不必加以区分。源极与漏极间的电阻值为几千欧。

实例：选择500型万用表$R \times 100$挡判定3DJ6G结型场效应管的电极。为叙述方便，现从管壳凸起处开始，沿顺时针方向分别给三个引脚编上序号①、②、③，测量数据见表1—12。由表可见，当黑表笔接③时两次测出的都是正向电阻，由此判定③为栅极，且两个PN结的正向压降都是0.675 V。其余二脚分别是源极和漏极，二者对栅极的结构完全对称，源—漏

极间电阻是 2.02 kΩ。结型场效应管的源极与漏极可以互换使用，一般不必再区分了。对 3DJ6G 而言，①脚是源极，②脚是漏极。

表 1—12   测量数据

红表笔接引脚	黑表笔接引脚	电阻值	n'/格	U_F/V	说明
①	③	840 Ω	22.5	0.675	
②	③	840 Ω	22.5	0.675	$U_F = 0.03n'$
①	②	2.02 kΩ	—	—	
②	①	2.02 kΩ	—	—	

注：③—①和③—②的电阻值均为无穷大。

2. 绝缘栅型场效应管的引脚识别

国产 N 沟道绝缘栅型场效应管的典型产品有 3D01、3D02、3D04（以上均为单栅管），以及 4D01（双栅管）。

绝缘栅型场效应管比较"娇气"，因此出厂时各管脚都绞合在一起或者装在金属箔内，使 G 极与 S 极呈等电位，防止积累静电荷。在测量时需格外小心并采取相应的防静电感应措施。测量前应把人体对地短路后才能触摸管脚。

将万用表拨至 $R \times 100$ 挡，首先确定栅极。若某脚与其他脚的电阻都是无穷大，证明此脚就是栅极 G。交换表笔重复测量，S—D 之间的电阻应为几百欧至几千欧。其中阻值较小的那一次，红表笔接的是 D 极，黑表笔接的是 S 极。有的绝缘栅型场效应管（例如日本生产的 3SK 系列），S 极与管壳连通，可据此确定 S 极。

值得注意的是，用万用表判定绝缘栅型场效应管时，因为这种管子输入电阻高，栅—源间的极间电容很小，测量时只要有少量的电荷，就足以将管子击穿。

三、场效应管使用中的注意事项

（1）检测时，为了防止场效应管栅极感应击穿，要求一切测试仪器、工作台、电烙铁、线路本身都必须有良好的接地。

（2）在焊接引脚时，先焊源极。在连入电路之前，管的全部引线端保持互相短接状态，焊接完后才把短接材料去掉；为了保证安全，可将管子的三个电极暂时短路，待焊好后拆除。

（3）从元器件架上取下管子时，应以适当的方式确保人体接地，如采用接地环等。采用先进的气热型电烙铁焊接场效应管是比较方便的，并且能确保安全。在未关断电源时，绝对不可以把管子插入电路或从电路中拔出。测试时，也要先插好管子再接通电源，测试完毕应先断电后拔下管子。

（4）用图示仪观察管子的输出特性时，可在栅极回路中串入一个 5～10 kΩ 的电阻，以避免出现自激振荡。

（5）用万用表测量时，应尽量避免用表笔首先接触栅极。测量时最好远离交流电源线路。

（6）为了安全使用场效应管，在线路设计中不能超过管子的耗散功率、最大漏—源电压和电流等参数的极限值。

（7）各类型场效应管在使用时，都要严格按要求的偏置接入电路中。如结型场效应管栅—源—漏之间是 PN 结，N 沟道管栅极不能加正偏压，P 沟道管栅极不能加负偏压。

（8）绝缘栅型场效应管由于输入阻抗极高，所以在运输、储存中必须将引出脚短路，要用金属屏蔽包装，以防止外来感应电势将栅极击穿。尤其要注意，不能将绝缘栅型场效应管放入塑料盒子内，保存时最好放在金属盒内，同时也要注意管子的防潮。

（9）在安装场效应管时，注意安装的位置要尽量避免靠近发热元件；为了防止管子振动，有必要将管壳体紧固；引脚引线在弯曲时，应在大于根部尺寸 5 mm 处进行，以防止弯断引脚和引起漏气等。

（10）对于功率型场效应管，要有良好的散热条件。因此功率型场效应管在高负荷条件下运用，必须设计足够的散热器，确保壳体温度不超过额定值，使器件长期稳定可靠地工作。

四、结型场效应管的检测

结型场效应管用得比较多的是 N 沟道的 3DJ 型管，其管脚排列如图 1—34a 所示。测试这类场效应管的放大性能，可按图 1—34b 所示搭接一个电路，把万用表拨在 5 V 左右直流电压挡，红、黑表笔分别接漏极 D 和源极 S。当调整电位器 RP 使阻值增加时（图中为滑动接点向上滑），万用表指示电压值应增大；减小 RP 阻值（图中 RP 滑动接点向下滑），万用表指示电压值应减小。在调节 RP 的过程中，万用表指示的电压值变化越大，说明管子的放大能力越强。如果在调节 RP 过程中万用表电压指示无变化，说明管子放大能力很小或已经丧失放大能力。

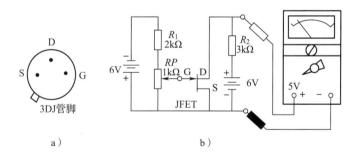

图 1—34　3DJ 型管的管脚和测试放大能力的电路

第 9 节

晶闸管的使用与检测

一、晶闸管的结构

晶闸管是晶体闸流管的简称，又称为可控硅。它是一种可控的大功率半导体器件，具有体积小、质量轻、耐压高、容量大、效率高、使用维护简单、控制灵敏等特点，目前被广泛地用于整流、逆变、调压、开关四个方面。它的缺点是过载能力差、抗干扰能力差、控制电路比较复杂。

晶闸管的种类很多，有普通型、双向型、可关断型和快速型等，这里主要介绍使用最为广泛的普通型晶闸管。部分晶闸管的实物图如图1—35所示。

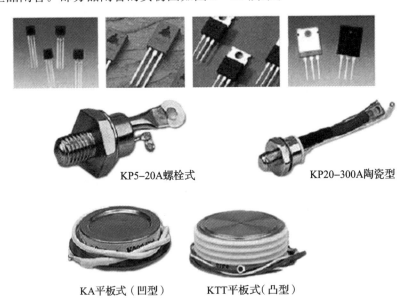

KP5-20A螺栓式   KP20-300A陶瓷型

KA平板式（凹型）   KTT平板式（凸型）

图1—35 部分晶闸管的实物图

螺栓式和平板式的电极如图1—36所示。

晶闸管有三个电极，即阳极 A、阴极 K 和控制极 G。螺栓式晶闸管有螺栓的一端是阳极，使用时可用它固定在散热器上；另一端有两根引线，其中较粗的一根是阴极，较细的一根是控制极。平板式晶闸管中间金属环的引出线是控制极，离控制极较远的端面是阳极，离控制极较近的端面是阴极，使用时可把晶闸管夹在两个散热器中间，散热效果较好。

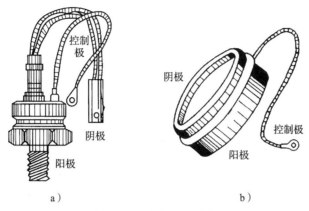

图1—36　晶闸管的电极
a）螺栓式　b）平板式

晶闸管结构如图1—37所示。它是由P型和N型半导体四层交替叠合而成，具有三个PN结，由端面N层半导体引出阴极K，由中间P层半导体引出控制极G，由端面P层半导体引出阳极A。图1—38所示是晶闸管的图形符号。

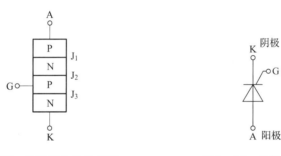

图1—37　晶闸管结构示意图　　　　图1—38　晶闸管的图形符号

二、晶闸管的检测

1. 判定晶闸管的电极

小功率晶闸管的电极从外形上可以判别，一般阳极为外壳，阴极的引线要比控制极引线粗而长。如果是其他形式的封装，不知电极引线时，可以用万用表的电阻挡进行检测。方法是将万用表置于$R\times 1$k挡（或$R\times 100$挡），将晶闸管其中一端假定为控制极，与黑表笔相接。然后用红表笔分别接另外两端，若一次阻值较小（正向导通），另一次阻值较大（反向截止），说明黑表笔接的是控制极。在阻值较小的那次测量中，接红表笔的一端是阴极；在阻值较大的那次测量中，接红表笔的一端是阳极。若两次测出的阻值均很大，说明黑表笔接的不是控制极，可重新设定一端为控制极，这样就可以很快判别出晶闸管的三个电极。

2. 晶闸管好坏的简易判别

晶闸管好坏的简易判断方法见表1—13。

表 1—13　　　　　　　　　**晶闸管好坏的简易判断**

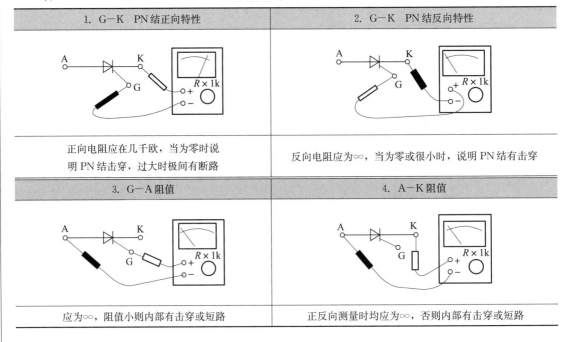

1. G—K　PN 结正向特性	2. G—K　PN 结反向特性
正向电阻应在几千欧，当为零时说明 PN 结击穿，过大时极间有断路	反向电阻应为∞，当为零或很小时，说明 PN 结有击穿
3. G—A 阻值	4. A—K 阻值
应为∞，阻值小则内部有击穿或短路	正反向测量时均应为∞，否则内部有击穿或短路

第 10 节

集成电路的使用与检测

一、集成电路的结构

集成电路是在同一块半导体材料上，利用各种不同的加工方法，同时制作出许多极其微小的电阻、电容及晶体管等电路元器件，并将它们相互连接起来，使之具有特定的电路功能。半导体集成电路是 20 世纪 60 年代开始发展起来的一种新型电子元器件，它具有体积小、质量轻、可靠性高以及成本低廉等一系列优点，所以发展十分迅速，不仅在军事、航天等方面采用，而且在家用电器中也到处可见。近几年来，随着电子技术的迅猛发展，集成电路已大量进入现代电子技术领域。

部分集成电路的实物图如图 1—39 所示。

半导体集成电路的封装形式有晶体管式的圆管壳封装、扁平封装和双列直插式封装等几种，如图 1—40 所示。

图 1—39 部分集成电路的实物图

第 **1** 章 常用电子元器件

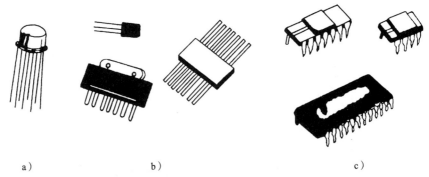

图 1—40 集成电路的封装形式

a）圆管壳封装 b）扁平封装 c）双列直插式封装

在管壳封装中，半导体芯片被封装在晶体管壳内，有8～14条引线，以适应整个电路中各种电源、输入、输出及与其他外接元件引线连接的需要。

扁平封装中，芯片被封装在扁平的长方形外壳中，引线从外壳的两边或四边引出。引线数目较多，可达60条以上。在电路外壳上打印有电路的型号、厂标及引脚顺序标记。

双列直插式封装是当前集成电路中最广泛采用的封装形式。它与扁平封装比较，封装牢固，可自动化生产，成本低，且可采用管座插接在印制电路板上。双列直插式电路有8线、14线、16线、18线、20线、24线、28线和40线等数种。引线的数目根据电路芯片引出端功能而定。

二、集成电路的引脚识别

使用集成电路前，必须认真查对、识别集成电路的引脚，确认电源、地、输入、输出、控制等端的引脚号，以免因错接而损坏器件。引脚排列的一般规律为：

（1）圆形集成电路。识别时，面向引脚正视，从定位片顺时针方向依次为1、2、3、4……，见表1—14。圆形多用于模拟集成电路。

表 1—14　　　　　　　　　　　正确识别集成电路引脚

集成电路结构形式	管脚标记形式	引脚识别方法
圆形	引脚排列　定位片　管脚　7 2　8 1　8 7 6 5 4 3 2 1　金属外壳	圆形结构的集成电路形似晶体管，体积较大，外壳用金属封装，引脚有3、5、8、10多种。识别时将管底对准自己，从定位片开始顺时针方向读管脚序号
扁平形平插式	14 13　色标　1 2	这类结构的集成电路通常以色点作为引脚的参考标记。识别时，从外壳顶端看，将色点置于正面左方位置，靠近色点的引脚即为第1脚，然后按逆时针方向读出第2、3……各脚

续表

集成电路 结构形式	管脚标记形式	引脚识别方法
扁平形直插式 （塑料封装）	 凹槽标记 色标　1 2	塑料封装的扁平直插式集成电路通常以凹槽作为引脚的参考标记。识别时，从外壳顶端看，将凹槽置于正面左方位置，靠近凹槽左下方第一个脚为第1脚，然后按逆时针方向读第2、3……各脚
扁平形直插式 （陶瓷封装）	 引脚　14 13 1 2 金属封片标记	这种结构的集成电路通常以凹槽或金属封片作为引脚参考标记。识别方法同上
扁平单列 直插式	倒角 AN××× 1　　　7	这种结构的集成电路，通常以倒角或凹槽作为引脚参考标记。识别时将引脚向下置标记于左方，则可从左向右读出各脚。有的集成电路没有任何标记，此时应将印有型号的一面正对着自己，按以上方法读出脚号

（2）扁平和双列直插型集成电路。识别时，将文字符号标记正放（一般集成电路上有一圆点或有一缺口，将圆点或缺口置于左方），由顶部俯视，从左下脚起，按逆时针方向数，依次为1、2、3、4……，见表1—14。扁平型多用于数字集成电路。双列直插型广泛应用于模拟和数字集成电路。

三、集成电路的更换

通过检测、判断，若确是集成电路损坏或怀疑它损坏时，需要把集成电路从印制电路板上拆下。通常用专用的吸锡器拆卸较为方便。如果没有专用器具，则可按表1—15所列方法进行拆卸，然后换上新的集成电路。

表1—15　　　　　　　　　　拆卸集成电路的方法

序号	方法	示意图
1	使用特殊烙铁头，使烙铁头同时接触各引线焊点，这样可同时对各焊点加热，然后可以轻轻地拔下集成电路块	 圆形烙铁头　　直列式烙铁头
2	使用内热式解焊器将熔化的焊锡吸入收集筒内，这样可以多次把焊点上的锡吸净，集成电路就很容易取下来了	 焊料收集筒　　橡皮球　电烙铁 IC

第 ❶ 章　常用电子元器件

续表

序号	方法	示意图
3	一边用烙铁熔化集成电路脚上的焊点，一边用空心针头套在脚上旋转，可使各脚与印制电路板脱开	空心针头 烙铁 电路板 IC
4	将一段被松香酒精溶液浸过的金属编织线置于集成电路的焊点上，然后用不带污垢和锡滴的烙铁熔化焊点，锡会被编织线沾去	烙铁 编织线

第2章

常用电子测量仪器的使用

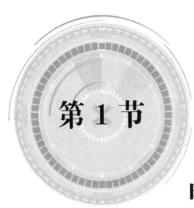

第 1 节

电子测量的基本知识

一、概述

电子测量仪器是指将被测量转换成可直接观测的指示值或等效信息的器具。它包括各种指示式仪器、比较式仪器（仪表）、记录式仪器，以及传感器等。利用电子仪器进行测量的设备，统称为电子测量仪器。

电子测量仪器的精确度一般都能达到相当高的水平，许多情况下是其他测量无法相比的。例如，对时间和频率的测量，由于采用了原子频标和原子秒作为基准，使测量的精确度可达 10^{-13} 量级。正由于此，电子测量仪器在现代科学技术领域得到极其广泛的应用。如发射人造卫星，需要高精度的自动控制和遥测系统，如果测量控制不准，最后一级火箭有 0.2% 的误差，卫星就会偏离轨道 100 km。在这样一些需要精密测量的地方，几乎都要采用电子测量和其他技术相结合的方法来进行测量。

二、电子测量仪器的分类

电子测量和普通测量一样，分类的方法很多。常见的有如下几种：根据测量过程的控制方式，分为人工测量和自动测量；根据测量过程中被测量是否随时间变化，分为动态测量和静态测量；根据对测量结果精度的要求，分为精密测量和工程测量；根据工作频率的高低，分为低频测量、高频测量、超高频测量等；根据测量方法，分为直接测量、间接测量和组合测量，以及必需的测量和多余的测量；根据工作模式，分为模拟测量和数据域测量。

目前一般根据结构、用途等几个方面的特性，把电子测量所用的仪器仪表分为以下几类。

1. 电气测量指示仪器仪表

电气测量指示仪器仪表的特征是：直接将通入测量仪器仪表的被测量转换成可动部分的机械位移，连接在可动部分的指针在标度尺上的指示，直接在标尺上反映被测量的数值，又称直接作用指示仪器仪表。

电气测量指示仪器仪表具有测量简便、读数可靠、结构简单、测量范围广、制造成本低等一系列优点，因此目前仍被广泛使用。但随着微电子技术的发展，以及对测量要求的提高，终将被电子数字仪器仪表所取代。

2. 比较仪器

比较仪器主要包括用于精密测量的交直流仪器和标准量具，它是用比较法测量所采用仪器的总称。直流比较仪器主要有电桥、电位差计、标准电阻箱等，交流比较仪器有交流电桥、标准电感、标准电容等。

由于应用比较法将被测量和标准量具进行比较，所以仪器仪表的测量准确度和灵敏度都很高。

3. 数字仪器仪表和巡回检测装置

电子数字仪器仪表是指能以自身逻辑控制，并以数码形式显示被测量值的仪器仪表。近几年电子数字仪器仪表结构形式不断改进，技术指标大幅度提高，可靠性日益改善，应用范围日益广泛，电测仪器仪表技术的数字化和现代化，无疑是电测与仪器仪表技术的发展方向。

自动巡回检测装置即为数字化仪器仪表加上选测控制系统及打印（显示）输出设备构成的整体，可用一台装置实现对多个测量点的自动循环测量、记录和控制。它是电测技术与自动控制技术融合的基础，是电测技术的又一发展方向。

4. 记录仪器仪表和电子示波器

记录仪器仪表是把被测量随时间的变化连续记录下来，记录仪器仪表一般分为测量和记录两部分。数字电子技术和计算机技术的引入使记录式仪器仪表逐渐走向成熟。如电压监测仪，能连续记录和统计每月的电压合格率，并具有存储功能。

示波器是电信号的"全息"测量仪器，表征电信号特征的所有参数，几乎都可以用示波器进行测量。电压（电流）和时间（相位、频率）是最基本的参数，它们可以用示波器直接测量。一般常把记录式仪表与示波器等电子仪器划为一类。

5. 扩大量程装置和变换器

扩大量程装置是指分流器、附加电阻、电流互感器、电压互感器等。变换器是指将非电量，如温度、压力等，变换为电量的转换装置。对这类装置均有测量准确度的要求。

6. 电源装置

电源装置包括稳压器、稳流器、各类稳压电源、标准电压和电流发生器等。电源装置虽然都作为测量的附件，但对测量的影响较大，因此精密测量一般对电源装置的要求较高，如对电压波动、波形畸变、调节细度等都有比较严格的要求。目前，测量用标准电源的主要是向多功能、智能化、程控化、小型化和便携式的方向发展。由于新技术的应用，如数字和微机技术的应用，电源装置的稳定性和精密度均有较大幅度的提高。

第❷章 常用电子测量仪器的使用

示 波 器

在电子技术领域，电信号波形的观察和测量是一项很重要的内容，而示波器就能快速地把肉眼看不见的电信号的变化规律，以可见的波形显示出来，所以示波器是完成这个任务的很好的测试仪器。示波器可以用来研究信号瞬时幅度随时间的变化关系，也可以用来测量脉冲的幅值、上升时间等过渡特性，还能像频率表、相位表那样测试信号的周期、频率和相位，以及测试调制信号的参数，估计信号的非线性失真等。

一、概述

目前，在家用电子产品的维修中，示波器已成为极为重要的维修工具。过去的家用电子产品品种较少，电路也比较简单，有一台万用表往往可以完成电视机、收录机等产品的维修工作。随着新电路、新器件的应用，特别是数字技术在家用电子产品中的应用，单一的万用表就不能解决维修中出现的各种问题了。例如，采用大规模和超大规模数字电路的 VCD/DVD 视盘机、数字式画中画电路、数字音频信号处理电路、图文电路在大屏幕彩电中的应用，以及各种数字音频、视频设备的出现，给维修行业带来了新的问题。而示波器在维修这些产品中起着重要的作用，它的使用可以大大提高维修效率。因为万用表主要测量直流信号和低频信号（低于 200 Hz），测量交流信号以及数字脉冲信号只能使用示波器。

借助于各种转换器，示波器还可以用来观测各种非电量，如温度、压力、流量、振动、密度、声、光、热以及生物信号等的变化过程。实际上，示波器不仅是一种时域测量仪器，也是一种频域测量仪器。

示波器不单是一种用途广泛的信号测试仪，而且是一种良好的信号比较仪，目前已更广泛地用作直角坐标或极坐标显示器。用它还可以组成自动或半自动的测试仪器或测试系统。随着电子技术的发展，示波器的用途和功能还将不断增加。

电子示波器的种类是多种多样的，分类方法也各不相同。按所用示波管不同，可分为单线示波器、多踪示波器、记忆示波器等；按其功能不同，可分为通用示波器、多用示波器、脉冲示波器、高压示波器等。

图 2—1 所示是单踪示波器的原理方框图。

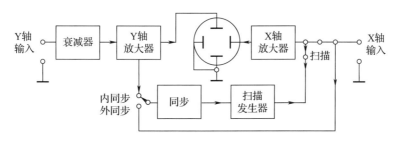

图 2—1 单踪示波器的原理方框图

双踪示波器能够同时观测两个被测信号的波形，其原理方框图如图 2—2 所示。图中只画出了 Y 轴系统的方框图，X 轴系统的方框图与单踪示波器相同。

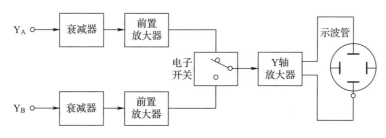

图 2—2 双踪示波器原理方框图

二、示波器的分类与特点

示波器就是用示波管显示信号波形的设备，常用于检测电子设备中的各种信号的波形。在电子设备中有很多是来产生、传输、存储或处理各种信号的电路，在检查、调试或维修这些设备时，往往需要检测电路输入或输出的信号波形，通过对信号波形的观测判断电路是否正常，或通过观测波形将电路调整到最佳状态。

1. 示波器按用途和特点分类

示波器按其用途和特点，可分为以下五大类。

（1）通用示波器。通用示波器是采用单束示波管，并应用示波器基本显示原理构成，可对电信号进行定性和定量观测的示波器，通常泛指除取样示波器、特殊示波器、行波示波器以外的示波器。通用示波器按其垂直信道（常称 Y 信道）的频带宽度，又可分为以下五个类别：

1）简易示波器。简易示波器是一种频带很窄（100～500 kHz），只能定性地观察连续信号波形的示波器。

2）低频示波器。低频示波器是 Y 信道频带宽度不大于 1 MHz 低频信号的示波器。

3）普通示波器。普通示波器是 Y 信道频带宽度在 5～6 MHz 范围内中频信号的示波器。

4）高频示波器和超高频示波器。适用于测量高频（100 MHz）和超高频（1 000 MHz）信号。

5）宽带示波器。宽带示波器是 Y 信道频带宽度在 6 MHz 以上的示波器。宽带示波器

一般能进行双踪显示。目前，宽带示波器的上限频率已达 1 000 MHz 以上。

（2）多束示波器和多踪示波器。多束示波器又称多线示波器。它是采用多束示波管的示波器。在示波管屏幕上显示的每个波形都是由单独的电子束产生的，因此它能同时观测与比较两个以上的信号。

按显示信号的数量来分，有单踪示波器（只显示一个信号）、双踪示波器（可同时显示两个信号），还有可同时显示多个信号波形的多踪示波器。多踪示波器的特点是以一条电子束利用电子开关形成多条扫描线，可以同时观测和比较两个以上的信号。

（3）取样示波器。取样示波器是采用取样技术，把高频信号模拟转换成低频信号，然后再用类似通用示波器的原理进行显示。这种示波器一般具有双踪显示能力。

（4）记忆、存储示波器。记忆、存储示波器是一种具有存储信息功能的示波器，它能将单次瞬变过程、非周期现象、低重复频率信号或慢速信号长时间地保留在屏幕上或存储于电路中，供分析比较、研究和观测之用。它还能比较和观测不同时间或不同地点发生的信号。目前，实现信息存储的方法有两种，一种是用记忆示波管，另一种是采用数字存储技术。前者一般称为记忆示波器，后者一般称为存储示波器。目前很多通用示波器都具有信息存储的功能。

（5）特殊示波器。特殊示波器是能满足特殊用途或具有特殊装置的专用示波器，如电视示波器、晶体管特性图示仪、矢量示波器、高压示波器和超低频示波器等。

2. 示波器的其他分类

（1）从电路结构来分，有电子管示波器、晶体管示波器和集成电路示波器。

（2）从测量功能来分，有模拟示波器和数字式记忆示波器。数字式记忆示波器是将测量的信号数字化以后暂存在存储器中，然后再从存储器中读出显示在示波管上。数字式记忆示波器在测量数字信号的场合经常使用，便于观察数字信号的波形和信号内容。

（3）示波器从波形显示器件来分，有阴极射线管（CRT）示波器，用彩色液晶显示器和用电脑彩色监视器做成的示波器。

（4）为适应测量电视信号的特点，示波器生产厂家专门生产了同步示波器，在示波器电路中设有与电视的行、场信号同步的电路，在控制面板上专门设置了选择电视行或电视场的键钮，以便在观测电视信号时信号波形稳定。

3. 电子示波器的特点

电子示波器是最常用的电子仪器之一，它具有以下特点：

（1）能显示信号波形，并可测量出瞬时值。

（2）测量灵敏度高，具有较强的过载能力。

（3）输入阻抗高，对被测系统的影响小。

（4）工作频带宽，速度快，便于观察瞬变现象的细节。

（5）示波器是一种快速 X—Y 描绘器，可以在荧光屏上描绘出任何两个量的函数关系曲线。

（6）配用变换器，可观察各种非电量，也可以组成综合测量仪器，以扩展其功能。

三、示波器的组成

示波器是由一只示波管和为示波管提供各种信号的电路组成的。在示波器的控制面板上设有一些输入插座和控制键钮。测量用的探头通过电缆和插头与示波器输入端子相连。

示波器的种类较多，但原理与结构基本相似，一般由垂直偏转系统、水平偏转系统、辅助电路、电源及示波管电路组成。通用示波器结构框图如图 2—3 所示。

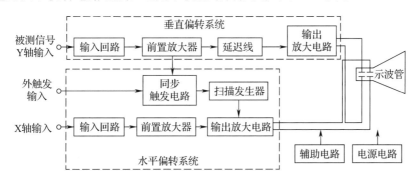

图 2—3　示波器的基本结构框图

1. 垂直偏转系统

垂直（Y 轴）偏转系统主要包括输入电路、前置放大器、延迟线、输出放大电路和内触发放大器等几个部分。输入电路用来探测输入信号；前置放大器用来放大输入信号；输出放大器用来推动示波管的 Y 偏转板；延迟线用来补偿 X 信道的延时，以便观测脉冲信号的前沿；内触发放大器为同步触发电路提供足够大的内触发信号。

垂直偏转系统的作用是将被测信号放大后，送入示波管的垂直偏转板，使光点在垂直方向上随被测信号的变化而产生移动，形成光点运动轨迹。

2. 水平偏转系统

水平（X 轴）偏转系统包括触发放大器、扫描电路和水平放大电路。扫描电路产生锯齿波电压，经水平放大电路放大后，送入示波管的水平偏转板，使光点在水平方向上随时间线性偏移，形成时间基线。

3. 示波管电路

示波管是显示器件，又称显示器，它是示波器的核心部件。示波管各极加上相应的控制电压，对阴极发射的电子束进行加速和聚焦，使高速而集中的电子束打击荧光屏形成光点。

4. 电源电路

示波器的直流供电分为两部分，即直流低压和直流高压。低压电源供给各单元电路的工作电压。高压电源供给示波管各级的控制电压。此外显示管灯丝电压由交流低压供给。

5. 辅助电路

辅助电路包括校准信号发生器和时标信号发生器。校准信号发生器实际上是一个幅度和频率准确已知的方波发生器，用以校准示波器的 X、Y 轴刻度。

电信号的时间波形，实际上就是它的瞬时值与时间在直角坐标系内的函数图像。正弦信号的时间波形图如图 2—4 所示。

如果某一仪器能显示直角坐标图像，且它的垂直坐标 Y 正比于输入信号的瞬时值，水平坐标 X 正比于时间，那么这种仪器就可称为示波器。据此可得示波器的工作原理示意图，如图 2—5 所示。被测输入信号经 Y 放大器加到示波管的垂直偏转系统，使电子射线的垂直偏转距离正比于信号的瞬时值。在示波器的水平偏转系统上，加入随时间线性

变化的信号，使电子射线的水平偏转距离正比于时间，那么示波管的荧光屏上就会得到输入信号的波形。

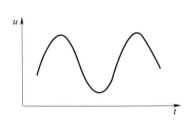

图 2—4　正弦信号的时间波形图

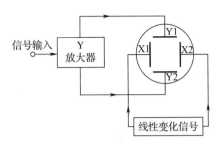

图 2—5　示波器的工作原理示意图

四、ST－16 型示波器面板布局及主要技术性能

1. ST－16 型示波器的组成

ST－16 型示波器是一种小型通用示波器，频率响应为 0～5 MHz，垂直输入灵敏度为 20 mV/div，扫描时基系统采用触发扫描，适用于一般脉冲参量的测试，功率约为55 V·A。

ST－16 型示波器原理方框图如图 2—6 所示。

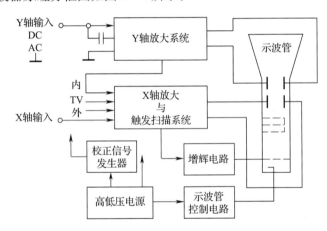

图 2—6　ST－16 型示波器原理方框图

2. ST－16 型示波器面板旋钮开关的作用

图 2—7 所示是 ST－16 型示波器的面板图。面板上各旋钮开关的作用如下：

(1) "开"（ON）：电源开关。

(2) ☼：辉度调节。

(3) ⊙：聚焦调节。

(4) ○：辅助聚焦调节，与 "⊙" 配合使用。

(5) ⇅：垂直移位。

(6) Y：输入插座（被测信号输入端）。

(7) V/div（V/格）：垂直输入灵敏度选择开关。从 0.02 V/div 至 10 V/div 共分九挡。它表示屏幕的坐标刻度上一个纵格所代表的幅值大小。例："V/div" 置于 "0.05" 挡时，

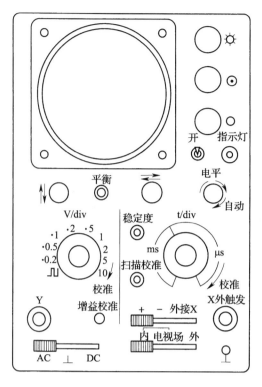

图 2—7　ST-16 型示波器面板图

表示屏幕上一个纵格代表 0.05 V；置于"10"挡时，表示一个纵格代表 10 V。

当此开关置于最左一挡"⊓"时，表示输入校正信号（50 Hz，100 mV 之方波），供仪器检查、校准用。

（8）V/div 微调（VERNIER）：用以连续改变垂直放大器的增益。右旋到底为"校准"（CAL）位置，增益最大。

（9）AC、⊥、DC：Y 轴输入耦合方式选择开关。置"AC"时，输入端处于交流耦合状态，被测信号中的直流分量被隔断，适于观察各种交流信号；置"DC"时，输入端处于直流耦合状态，适于观察各种缓慢变化的信号和含有直流分量的信号；置"⊥"时，输入端接地，便于确定输入端为零电位时，光迹在屏幕上的基准位置。

（10）平衡（BAL）：使 Y 轴输入级电路中的直流电平保持平衡状态的调节装置。

（11）增益校准（GAINCAL）：用以校准垂直输入灵敏度。

（12）⇌：水平移位。

（13）t/div（t/格）：时基扫描选择开关。从 0.1 μs/div 至 10 ms/div，按 1—2—5 进位分 16 挡。

（14）t/div 微调：用以连续调节时基扫描速度。

（15）扫描校准（SWPCAL）：水平放大器增益的校准装置。

（16）电平（LEVEL）：触发电平。当屏幕上所显示的波形不稳时，可由右至左按逆时针方向缓慢地旋转此钮，直至出现稳定波形。

（17）稳定度（STABILITY）：用以改变扫描电路的工作状态（一般应处于待触发状

态）。

（18）＋、－、外接 X（＋、－、EXTX）：触发信号极性开关。

"＋"：观察正脉冲前沿。

"－"：观察负脉冲前沿。

"外接 X"：面板上的"X 外触发"插座成为水平信号输入端。

（19）内、电视场、外（INT、TV、EXT）：触发信号源选择开关。一般使用"内"触发。

（20）X 外触发（EXT、X、TRIG）：水平信号的输入端。

3. ST-16 型示波器使用前的检查

（1）各开关及旋钮置于下述位置：

"V/div" ———— "∏" 挡。

"t/div" ———— "2 ms" 挡。

"电平（LEVEL）" ———— "自动（AUTO）"（右旋到底）。

"AC、⊥、DC" ———— "⊥" 挡。

"＋、－、外接 X" ———— "＋" 挡。

"内、电视场、外" ———— "内" 挡。

"☼" "⊙" "○" "⇌" "⤋" 均置于居中位置。

（2）接通电源后，屏幕上应有方波或不稳定波形显示。若波形不稳定可逆时针调节"电平"旋钮使波形稳定。

此时再调节"☼" "⊙" "○" "⇌" "⤋" 及"t/div"各旋钮，其功能应正常。

4. ST-16 型示波器的校准

若用示波器进行定量测试，必须首先对示波器进行"校准"。方法是：

（1）若屏幕上的扫描线（水平亮线）随"V/div"开关和"微调"旋钮的转动而上下移动，则应调节"平衡"电位器，使这种移动减少到最小程度。

（2）"V/div"置"∏"挡，"t/div"置"2 ms"挡，其上的"微调"旋钮均置"校准"位置（右旋到底），调节"电平"旋钮使屏幕上显出稳定方波信号。此时方波的垂直幅值应正好为 5 格，周期宽度为 10 格。若与此不符，则需分别调节"增益校准"和"扫描校准"电位器，以达到上述要求。

五、数字示波器

1. 数字示波器的特点

随着微处理器技术和数字集成电路的广泛应用，诞生了数字示波器。图 2—8 所示是模拟示波器和数字示波器电路结构比较，图中虚线部分是数字示波器增加的电路部分。

从图 2—8 中可见，数字示波器主要的特点是将被测信号进行数字化，即将模拟信号变成数字信号。被测的信号变成数字信号以后，在微处理器的控制下可以进行存储，把被测信号的一部分即一个时间段的信号记录在存储器中，这样就可以清楚稳定地显示所存储的信号波形。对于测量数字信号和比较复杂的模拟信号，这种功能非常有用。此外，在微处理器的控制下，可以对被测信号进行处理和运算。同时，将有关的幅度和时间轴等信息显示在屏幕上，为用户观测、分析及处理信号提供了极大的方便。

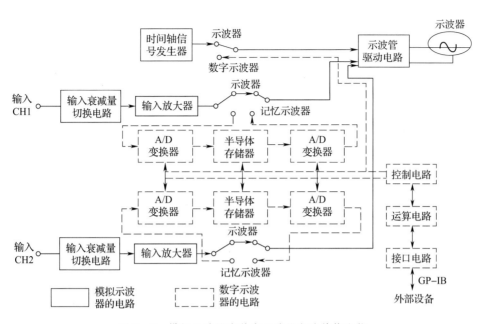

图 2—8　模拟示波器和数字示波器电路结构比较

　　模拟示波器是一种实时监测波形的示波器，其结构简图如图 2—9 所示，适于检测周期性较强的信号。数字示波器可以有选择地观测某一时刻的信号，其显示部分与模拟示波器相同，如图 2—10 所示。

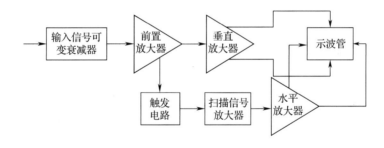

图 2—9　模拟示波器示意图

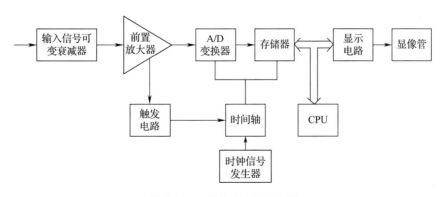

图 2—10　数字示波器示意图

第❷章　常用电子测量仪器的使用

2. 数字示波器与模拟示波器的区别

数字示波器由于采用了数字处理和计算机控制技术使功能大大增强。而模拟示波器由于新电路新器件的应用也有很多实用的特色。

模拟示波器的某些特点，是数字示波器所不具备的，特别是如下几点：

（1）模拟示波器操作简单，全部操作都在面板上可以找到，波形反应及时。而数字示波器往往要较长处理时间。

（2）模拟示波器垂直分辨率高，连续而且无限级。而数字示波器分辨率一般只有 8～10 位（bit）。

（3）模拟示波器信号能实时捕捉因而更新快（每秒捕捉几十万个波形）。而数字示波器每秒仅捕捉几十个波形。

（4）模拟示波器实时带宽和实时显示，连续波形与单次波形的带宽相同。数字示波器的带宽与取样频率密切相关，取样率不高时容易出现混淆波形。

模拟示波器显示的是实时的波形，人眼视觉神经十分灵敏，屏幕波形瞬间变化反映至大脑即可作出判断，细微变化都可感知，这种特点使模拟示波器深受使用者的欢迎。

首先，数字示波器在提高取样率上下功夫，从最初取样率等于两倍带宽，提高至五倍甚至十倍，相应对正弦波取样引入的失真也从 100% 降低至 3% 甚至 1%。带宽 1 GHz 的取样率就是 5 GHz/s，甚至 10 GHz/s。其次，提高数字示波器的更新率，达到模拟示波器相同水平，最高可达每秒 40 万个波形，使观察偶发信号和捕捉毛刺脉冲的能力大为增强。

数字示波器采用多个微处理器加快信号处理能力，从多重菜单的烦琐测量参数调节，改进为简单的旋钮调节，甚至完全自动测量，使用上与模拟示波器同样方便。

数字示波器与模拟示波器一样具有屏幕的余辉方式显示，赋予波形的三维状态，即显示出信号的幅值、时间以及幅值在时间上的分布。具有这种功能的数字示波器称为数字荧光示波器或数字余辉示波器，即数模兼合。因而数字示波器要有模拟功能。

模拟示波器用阴极射线管显示波形，示波管的带宽与模拟示波器的带宽相同，亦即示波管内电子运动速度与信号频率成正比，信号频率越高，电子束扫描的速度越快；示波管屏幕的亮度与电子束的速度成反比，低频波形的亮度高，高频波形的亮度低。

数字示波器缺少余辉显示功能，因为它是数字处理，只有两个状态，非高即低，原则上波形也是"有"和"无"两个显示。但是由于数字示波器已经达到 4 GHz 以上带宽水平，配合荧光显示特性，总的性能优于模拟示波器。

数字荧光示波器（DPO）为示波器系列增加了一种新的类型，能实时显示、存储和分析复杂信号的三维信号信息：幅度、时间和整个时间的幅度分布。

普通数字示波器要观察偶发事件需要使用长时间记录，然后作信号处理，这种方法会漏掉非周期性出现的信号，不能显示出信号的动态特性。数字荧光示波器能够显示复杂波形中的细微差别，以及出现的频繁程度。例如，观察电视信号，既有行扫描、帧扫描、视频信号和伴音信号，还要记录电视信号中的异常现象。

第 3 节

信号发生器

一、信号发生器的分类与指标

信号源是指测量用的信号发生器，是电子电路实验中常用的测量仪器之一。

在电子电路测量中，需要各种各样的信号源。根据测量要求不同，信号源大致可分为正弦信号发生器、函数（波形）信号发生器和脉冲信号发生器三大类。正弦信号发生器具有波形不受线性电路或系统影响的特点。因此，正弦信号发生器在线性系统中具有特殊的意义。

1. 正弦信号发生器的分类

（1）正弦信号发生器按频段分，有以下几类：

1）超低频信号发生器：0.001~1 000 Hz。

2）低频信号发生器：1 Hz~1 MHz。

3）视频信号发生器：20 Hz~10 MHz。

4）高频信号发生器：30 kHz~30 MHz。

5）超高频信号发生器：4~300 MHz。

（2）正弦信号发生器按性能分，可分为普通信号发生器和标准信号发生器。标准信号发生器要求信号有准确的频率和电压，有良好的波形和适当的调制。

2. 正弦信号发生器的主要质量指标

（1）频率指标

1）有效频度范围。指信号源各项技术指标都能得到保证时的输出频率范围。在这一范围内，频率要连续可调。

2）频率准确度。指信号源频率实际值对其频率标称值的相对偏差。普通信号源的频率准确度一般在 $\pm 1\%$~$\pm 5\%$ 范围内，而标准信号源的频率准确度一般优于 0.1%~1%。

3）频率稳定度。指在一定时间间隔内，信号源频率准确度的变化情况。由于使用要求的不同，各种信号源频率的稳定度也不一样。一般信号源频率稳定度只能做到 10^{-4} 量级左右；而目前在信号源中因广泛采用的锁相频率合成技术，则可把信号源的频率稳定度提高 2~3 个量级。

第**2**章 常用电子测量仪器的使用

（2）输出指标

1）输出电平范围。这是表征信号源所能提供的最小和最大输出电平的可调范围。一般标准高频信号发生器的输出电压为 0.1 μV～1 V。

2）输出稳定度。有两个含义：一是指输出对时间的稳定度；二是指在有效频率范围内调节频率时，输出电平的变化情况。

3）输出阻抗。信号源的输出阻抗视类型不同而异，低频信号发生器常见的有 50 Ω、75 Ω、150 Ω、600 Ω 和 5 kΩ 等，高频或超高频信号发生器一般为 50 Ω 或 75 Ω 不平衡输出。

（3）调制指标

1）调制频率。很多信号发生器既有内调制信号发生器，又可外接输入调制信号，内调制信号的频率一般是固定的，有 400 Hz 和 1 000 Hz 两种。

2）寄生调制。信号发生器工作在未调制状态时，输出正弦波中有残余的调幅调频，或调幅时有残余的调频，调频时有残余的调幅，统称为寄生调制。作为信号源，这些寄生调制应尽可能小。

3）非线性失真。一般信号发生器的非线性失真应小于 1%，某些测量系统则要求优于 0.1%。

二、XD1 型低频信号发生器

1. XD1 型低频信号发生器面板键钮和开关

XD1 型低频信号发生器的面板键钮和开关如图 2—11 所示。其功能如下：

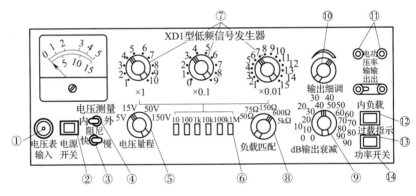

图 2—11　XD1 型低频信号发生器面板图

（1）①为"电压表输入"插孔。当电压表用作外测量时，由此插孔接输入电压信号。

（2）②为"电源开关"按键。按下时电源接通，方框中间指示灯 ZD1 亮；再按一下按键弹出，指示灯灭，电源关断。

（3）③为"电压测量"开关。当扳到"内"位置时，电压表用作内测量；当扳到"外"位置时，电压表用作外测量。

（4）④为"阻尼"开关，为减小表针在低频抖动而设置。当置"快"位置时，未接通阻尼电容；当置"慢"位置时，接通阻尼电容。

（5）⑤为"电压量程"转换开关。当电压表作内测量时，指"5 V"挡位置；当电压表作外测量时，还可在"15 V""50 V""150 V"挡变换。

（6）⑥为频率选择按键，分"10""100""1 k""10 k""100 k""1 M"六挡，为频率选择粗调。

（7）⑦频率选择"×1""×0.1""×0.01"三旋钮，为频率选择细调，与频率选择按键配合使用。根据所需要的频率，可按下相应的按键，然后再用三个频率选择旋钮，按十进制的原则细调到所需频率。例如按键是"1 k"，"×1"旋钮置"×1"，"×0.1"旋钮置"3"，"×0.01"旋钮置"9"，则频率为 $1\,000 \times 1.39 = 1\,390$ Hz。

（8）⑧"负载匹配"旋钮。当功率输出时，调此旋钮，其指示值表示输出与负载匹配。

（9）⑨"输出衰减"开关。调节输出幅度，步进 10 dB 衰减，也对应电压倍数。

（10）⑩"输出细调"旋钮。调此旋钮，微调输出幅度。顺时针旋转输出幅度增大，反向减小。

（11）⑪"输出端接线柱"。有"电压输出"与"功率输出"。

（12）⑫"内负载"按键。当使用功率级时，按键按下表示接通内部负载。

（13）⑬"过载指示"。当功率输出级过载时指示灯亮。该指示灯装在功率开关方框图中。

（14）⑭"功率开关"按键。按下时，使功率级输入端接入信号。

2. XD1 型低频信号发生器的正确使用

（1）开机前，应将"输出细调"电位器旋至最小；开机后，等"过载指示"灯熄灭后，再逐渐加大输出幅度。若想达到足够的频率稳定度，接通电源（指示灯亮）需预热 30 min 左右再使用。

（2）频率的选择。面板上的六挡按键开关作为分波段的选择。根据所需要的频率，可先按下相应的按键，然后再用三个频率旋钮细调到所需的频率。

（3）输出调整。仪器有"电压输出"和"功率输出"两组端钮，这两种输出共用一个输出衰减旋钮，做每步 10 dB 的衰减。使用时应注意在同一衰减位置上，电压与功率衰减的分贝数是不相等的，面板上已用不同的颜色区别表示。"输出细调"是由同一个电位器连续调节的，这两个旋钮适当配合，可在输出端上得到所需的输出幅度。

（4）电压级的使用。从电压级可以得到较好的非线性失真数（<0.1%）、较小的输出电压（200 μV）和小电压下比较好的信噪比。电压级最大可输出 5 V，其输出阻抗是随输出衰减的分贝数变化而变化的。为了保持衰减的准确性及输出波形失真最小（主要是在电压衰减 0 dB 时），电压输出端钮上的负载应大于 5 kΩ。

（5）功率级的使用。使用功率级时，应先将"功率开关"按下，并将功率级输入端的信号接通。

为使阻抗匹配，功率级共设有 50 Ω、75 Ω、150 Ω、600 Ω 和 5 kΩ 五种负载值。若欲得到最大输出功率，应使负载选择以上五种数值之一，以求匹配。若做不到，一般也应使实际使用的负载值大于所选用的数值，否则失真将增大。当负载接以高阻抗，并要求工作在频段两端，即接近 10 Hz 或几百 kHz 的频率下时，为了使输出具有足够的幅度，应将功放部分"内负载"按键按下，接通内负载，否则输出幅度会减小。

在开机时，过载保护指示灯亮，但 5～6 s 后熄灭，表示功率级进入工作状态。当输出

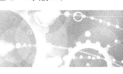

旋钮开得过大或负载阻抗值太小时，过载保护指示灯亮，指示过载。若工作中过载保护指示灯再亮，表示过载，保护动作数秒钟后自动恢复。若此时过载，则指示灯闪亮。在第六挡高端的高频下，有时因输入幅度过大，指示灯一直亮，此时应减小输入幅度或减小负载，使其恢复。

遇保护指示不正常时，就不要继续开机，需进行检修，以免烧坏功率管。当不使用功率级时，应把"功率开关按键"按起，以免功率保护电路动作影响电压级输出。

（6）对称输出。功率级输出可以不接地，当需要这样使用时，只要将"功率输出"端钮与地的连接片取下即可对称输出。

选择工作频段须注意：功率级由 10 Hz～700 kHz（5 kΩ 负载挡在 10～200 kHz）范围输出，符合技术条件的规定；在 5～10 Hz 和 700 kHz～1 MHz（或 5 kΩ 负载挡在 200 kHz～1 MHz）范围仍有输出，但功率减小；功率级在 5 Hz 以下，输入被切断，没有输出。

（7）电压表可用于"内测量"和"外测量"。当用于外测量时，须将"电压测量"开关置于"外"，被测信号由输入电缆输入。

三、XD2 型低频信号发生器

1. XD2 型低频信号发生器的组成

XD2 型低频信号发生器是一种多用途的低频信号发生器，它能产生 1 Hz～1 MHz 的正弦波电压，最大输出电压为 5 V，最大衰减量为 90 db。图 2—12 所示是其工作原理方框图，面板图如图 2—13 所示。

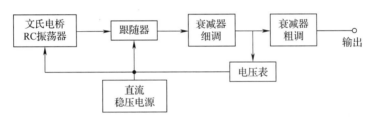

图 2—12　XD2 型低频信号发生器工作原理方框图

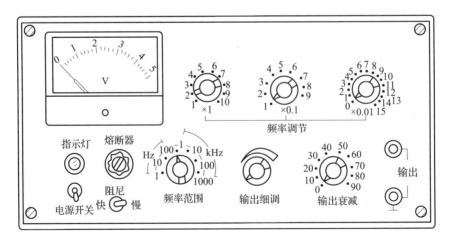

图 2—13　XD2 型低频信号发生器面板图

2. XD2 型低频信号发生器的正确使用

（1）使用前准备

1）电源线接入 220 V、50 Hz 交流电源上。

2）为达到足够的稳定度，需预热 30 min 后使用。

（2）频率选择。信号的频率由"频率范围"和"频率调节"两个旋钮来确定。首先按所需调节的频率数将"频率范围"旋到所需的频段，然后再依次旋动"频率调节"的三个旋钮（×1、×0.1、×0.01）置于所需的数字上（三位有效数字）。

（3）输出电压的调节。输出电压的大小是通过"输出细调"和"输出衰减"来调节的。

电压表的示数是未经衰减的信号电压值，它的大小由"输出细调"进行调节。若要输出小于 0.2 V 的小信号时，则需通过"输出衰减"来获得。

"输出衰减"上的示数表示衰减的倍数，其单位是"db"（分贝）。分贝数与衰减倍数间的对应关系见表 2—1。

表 2—1　　　　　　　　　　　　　分贝数与衰减倍数间的对应关系

衰减分贝数/dB	电压衰减倍数	衰减分贝数/dB	电压衰减倍数
0	1	50	316
10	3.16	60	1 000
20	10	70	3 160
30	31.6	80	10 000
40	100	90	31 600

例：需调出 853 Hz、40 mV 的正弦信号，调节方法是：

1）因 853 Hz 在 100 Hz～1 kHz 间，所以应先将"频率范围"旋至"100 Hz～1 kHz"挡，然后将"频率调节"的"×1"置于 8，"×0.1"置于 5，"×0.01"置于 3。

2）先调节"输出细调"，使电压表示数为 4 V；再调节"输出衰减"置于 40（db），即将电压衰减 100 倍。此时，在输出端获得 853 Hz、40 mV 的正弦信号。

四、高频信号发生器

1. 高频信号发生器的组成

高频信号发生器主要用来产生高频信号（包括调制信号），或是供给高频标准信号，以便测试各种电子设备和电路的性能。它能提供在频率和幅度上都经过校准的从 1 V 到几分之一微伏的信号电压，并能提供等幅波或调制波（调幅或调频），广泛应用于研制、调制和检修各种无线电收音机、通信机、电视接收机以及测量电场强度等场合。这类信号发生器通常也称为标准信号发生器。

高频信号发生器按调制类型分为调幅和调频两种。

高频信号发生器组成方框图如图 2—14 所示，主要包括主振级、调制级、输出级、内调制振荡器、监测器和电源。

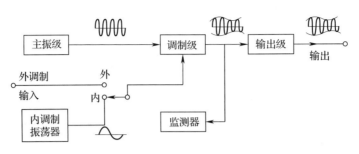

图 2—14　高频信号发生器组成方框图

主振级产生具有一定工作频率范围的正弦信号。这个信号被送到调制级作为幅度调制的载波。内调制振荡器产生调制级所需的音频正弦调制信号。调制级用内调制振荡器或外调制输入的音频信号调制（也可以不调制）和放大后，再送到输出级。输出级可对高频输出信号进行步进或连续调节，以获得所需的输出电平范围，其输出阻抗应满足要求。监测器用以监测输出信号的载波幅度和调制系数。电源供给各部分所需要的电压和电流。

2. 高频信号发生器的正确使用

（1）等幅波输出

1）调幅选择开关置于等幅位置。

2）将波段开关扳至所需的波段，转动频率调节旋钮至所需要的频率附近，然后调节频率细调旋钮，达到所需频率。

3）转动载波调节旋钮，使电压表指在红线"1"刻度上。

这时，从 0～0.1 V 插座输出的信号电压等于输出微调旋钮读数和输出倍乘开关读数的乘积，单位为 μV。例如，当输出微调旋钮的读数为 6 格，输出倍乘开关在 10 的位置时，其输出电压为 $6 \times 10 = 60$ μV。

如果再使用带有分压器的输出电缆，且从 0～0.1 V 插孔输出，这时，输出电压将衰减 10 倍，其实际输出电压为 6 μV。

如果需要的信号电压值大于 0.1 V，可从 0～1 V 插孔输出。这时，先旋动载波调节旋钮，使电压表指在红线"1"刻度上。输出电压值按输出微调旋钮刻度值乘 0.1 读数。当输出微调旋钮指示在 10 时，输出电压即为 1 V。

（2）调幅波输出

1）使用内调制时，将调幅选择开关扳至 400 Hz 或 1 000 Hz，按输出等幅信号的方法选择载波频率，转动载波调节旋钮，使电压表指在红线"1"刻度处。然后调节调幅度调节旋钮，使调幅度表指示出所需的调幅度（一般调节指示在 30％处）。同时利用输出微调旋钮和输出倍乘开关调节输出调幅波电压，计算方法与输出等幅信号相同。

2）使用外调制时，要选择合适的音频信号发生器作为调幅信号源，输出功率在 0.5 W 以上，能在 20 kΩ 负载上输出大于 100 V 的电压。将调幅选择开关扳到等幅位置，将音频信号发生器输出接到外调幅输入插孔后，其他工作程序与内调制相同。

五、函数信号发生器

函数信号发生器是一种多波形的信号源，它能产生正弦波、方波、三角波、锯齿波和脉冲波等多种波形的信号。有的函数信号发生器还具有调制的功能，可以产生调幅、调频、调相及脉宽调制等信号。

函数信号发生器可以用于科研生产、测试、仪器维修和实验，所以它是一种多功能的通用信号源。

函数信号发生器为了产生各种输出波形，利用各种电路通过函数变换实现波形之间的转换。图 2—15 所示为函数信号发生器的原理图。

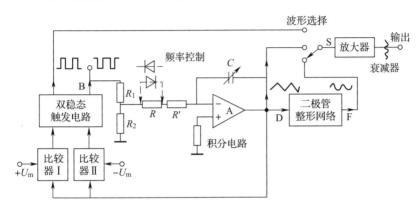

图 2—15　函数信号发生器原理图

下面以 YB1635 系列函数信号发生器为例介绍函数信号发生器的使用方法。

1. 使用特性

（1）频率范围：0.2 Hz～2 MHz。

（2）输出波形种类：正弦波、方波、三角波、斜波、单次波、TTL、外调频。

（3）短路自动保护。

2. 技术指标

（1）电压输出

1）频率范围：0.2 Hz～2 MHz。

2）频率调整率：0.1～1。

3）输出阻抗：50 Ω。

4）调频电压范围：0～10 V。

5）调频频率：0.2～100 Hz。

6）输出电压幅度：20 V_{P-P}（开路）；≥10 V_{P-P}（50 Ω）。

7）方波上升时间：≤100 ns。

8）TTL 输出幅度：≥3 V；输出阻抗：600 Ω。

（2）频率计数

1）测量精度：±1%。

2）时基频率：10 MHz。

3）闸门时间：10 s、1 s、0.1 s、0.01 s。

4）测频范围：0.1 Hz～10 MHz。

3. 注意事项

（1）POWER　OUT、VOLTAGE　OUT、TTL　OUT 要避免短路或有信号输入。

（2）VCF 输入电压不可高于 10 V。

（3）电源熔丝为 0.75 A。

4. 面板操作说明（见图 2—16）

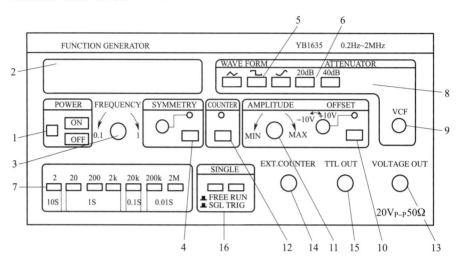

图 2—16 函数信号发生器面板

（1）电源开关（POWER）：电源开关按键弹出为"关"。

（2）LED 显示窗口：指示输出信号频率，当"外测"开关按入，显示外测信号频率。

（3）调节频率旋钮（FREQUENCY）。

（4）对称性（SYMMETRY）：对称性开关、对称性调节旋钮。将对称性开关按入，对称性指示灯亮；调节对称性旋钮，可改变波形的对称性。

（5）波形选择开关（WAVE FORM）：按入对应波形的某一键，可选择需要的波形；三个键都未按入，无信号输出，此时为直流电平。

（6）衰减开关（ATTE）：电压输出衰减开关，二挡开关组合为 20 dB、40 dB、60 dB。

（7）频率范围选择开关（兼频率计数闸门开关）：根据需要的频率，按下其中一键。

（8）功率输出开关（POWER OUT）（无）。

（9）功率输出端（无）。

（10）直流偏置（OFFSET）：按入直流偏置开关，直流偏置指示灯亮，此时调节直流偏置调节旋钮，可改变直流电平。

（11）幅度调节旋钮（AMPLITUDE）：顺时针调节此旋钮，增大"电压输出""功率输出"的输出幅度；逆时针调节此旋钮，可减小"电压输出""功率输出"的输出幅度。

（12）外测开关（COUNTER）：按入此开关，LED 显示窗显示外测信号频率，外测量信号由 EXT. COUNTER 输入插座输入。

（13）电压输出端口（VOLTAGE OUT）：电压由此端口输出。

（14）EXT. COUNTER 端口：外测量信号输入端口。

（15）TTL OUT 端口：由此端口输出 TTL 信号。

（16）单次开关（SINGLE）：当"SGL"开关按入，单次指示灯亮，仪器处于单次状态，每按一次"TRIG"键，输出端口输出一个单次波形。

第4节

晶体管毫伏表

一、DA-16型晶体管毫伏表

1. DA-16型晶体管毫伏表的特点

DA-16型晶体管毫伏表采用放大—检波式。晶体管毫伏表常用来测量交流电压。它与一般测量仪表相比，具有如下特点：

(1) 灵敏度和稳定度高（可测量微伏级的电压）。测量电压范围广，为 $100\ \mu V\sim300\ V$。可广泛用于工厂、实验室进行电压测量，电表指示为正弦波有效值。

(2) 频率范围宽，为 $20\ Hz\sim1\ MHz$。由于使用负反馈，有效地提高了仪器的频率响应、指示线性与温度稳定性。

(3) 输入阻抗高。由于前置电路采用两串接的低噪声晶体管组成共发射极输出电路，从而获得了低噪声电平及高输入电阻。

DA-16型晶体管毫伏表的方框图如图2—17所示。

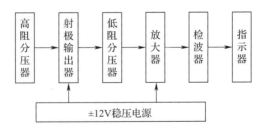

图2—17　DA-16型晶体管毫伏表方框图

2. DA-16型晶体管毫伏表的使用

DA-16型晶体管毫伏表的面板如图2—18所示。

(1) 使用时，表面应垂直放置。未通电前先检查机械零点，如不准，则要调节表头的机械调零螺钉，使表针准确地指在零位。

(2) "测量范围"开关（即量程选择开关）应先置于高量程（$>3\ V$）。

(3) 接通电源，待指针摆动数次稳定后，校正零点。方法是：将输入线短接（两个鳄鱼

夹夹在一起），调节"调零"旋钮，使指针指在零刻度上（注意零点只需调节一次，不必换挡重新调零）。

（4）根据被测电压的大小选择适当的量程。若测未知电压，则应先将"测量范围"开关置于最大量程（300 V）上，而后根据示数的大小，量程由高至低依次旋动"测量范围"开关，直到指针指在满刻度的1/3以上区域的适当挡位（注意观察表针偏转情况），此时产生的刻度误差较小。应按指定量程和对应刻度值读取数值。

（5）由于本仪器灵敏度高，当"测量范围"开关在低量程（<0.3 V）挡位时，不得使输入线的两端开路，否则外界感应电压将通过输入线进入表内，致使电表过载，易损坏指针。为防止发生此情况，在使用该仪表时，应先将"测量范围"开关旋到大量程（>3 V），再将输入线按照先接"地线"再接"芯线"的顺序接到被测电压两端，

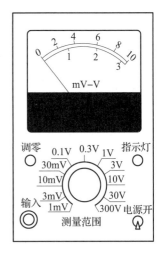

图 2—18 DA-16 型晶体管
毫伏表面板图

然后再把"测量范围"开关旋到所需的小量程进行测量。测量完毕，仍需先把"测量范围"开关旋到大量程，与接线时的顺序相反（即先拆除"芯线"，后拆除"地线"）拆线。

（6）由于该仪器灵敏度高，使用时必须正确选择接地点，且接地必须良好，否则将由于外界干扰而造成测试错误。

（7）用本仪器测量市电时，应将"芯线"接电源的相线，"地线"接电源的中线，不可接反。测量 36 V 以上的电压时，注意机壳带电。

（8）本仪器只能用于测量正弦波电压有效值，若测量非正弦波电压，则测量值有一定的误差。

（9）所测交流电压的直流分量不得大于 300 V。

二、DA-1 型超高频毫伏表

1. DA-1 型超高频毫伏表的工作原理

DA-1 型超高频毫伏表是属于调制式工作程式的电压表。被测交流电压经检波变成直流，再经过斩波器把直流变成交流，再进行交流放大，然后再经过检波器变换成与输入成正比的直流信号，推动微安表指针偏转。DA-1 型超高频毫伏表组成框图如图 2—19 所示。

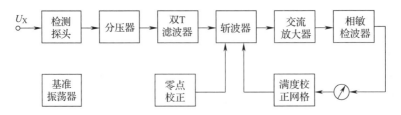

图 2—19 DA-1 型超高频毫伏表组成框图

2. DA-1 型超高频毫伏表主要技术指标

（1）交流电压测量范围：0.3 mV～3 V，量程分八挡。

（2）频率测量范围：10 kHz～1 000 MHz。

（3）基本误差：在正常条件下，当测量频率范围为 100 kHz 的交流电压时，经过内部校准测量误差，1 mV 挡小于或等于 $\pm 15\%$，3 mV 挡小于或等于 $\pm 5\%$，其他各挡小于或等于 $\pm 3\%$（还有频响、温度、电源电压的附加误差）。

（4）输入阻抗：$R_i \geqslant 10\ \text{k}\Omega$，$C_i < 2.5\ \text{pF}$。

（5）被测处的直流电压大于 40 V。

3. DA-1 型超高频毫伏表的使用

（1）DA-1 型超高频毫伏表的使用方法。

DA-1 型超高频毫伏表仪器面板如图 2—20 所示。

1）调零校正旋钮。每一量程各自进行调零，并校正至满刻度。将探测器放在校正插孔内稍拔出，调节零位旋钮即可调零，再往里插调节校正旋钮使指针到满刻度。预热 30 min。

2）量程开关分 0.3 mV、1 mV、3 mV、10 mV、30 mV、300 mV、1 V、3 V 共八挡。根据被测电压的大小选择合适的量程。若被测交流电压大于 3 V，使用附加分压器，把量程开关置于相应挡，经过校正后，分压器套入探测器即可进行测量。

3）表面指示。表盘有八条刻度线，选用不同的量程时，可根据该量程的刻度线读出被测值。

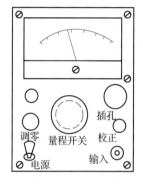

图 2—20　仪器面板

4）探测器的探针直接接到被测点上。50 Hz 以下的电压测量，用环形片状接地片，长短探针随意选用；高于 300 MHz 时用短探针，建议用 T 形连接头。

（2）DA-1 型超高频毫伏表使用注意事项

1）被测处直流电压不得超过 40 V。

2）当使用 3 V 挡测量电压或探针触到较高电压（包括手触）后，接着要测 3 mV 以下的电压时，须等待 1～2 min，以便仪器复零。

第5节

其他测量仪器

要正确地使用仪器，必须了解仪器使用中的一般规则和常识，如果不遵守这些规则，并不是一定会导致错误，而是只在某些场合或某些情况下才会得到明显的错误结果。这也往往使得人们容易误认为这些测量中的规则或常识似乎并不是那么严格或那么有用，尤其是对于工程实践经验不足的爱好者更是如此。下面就一般的仪器使用中应该了解的注意事项进行解释和说明。

（1）电子仪器的电源线、插头应完好无损。

（2）测试高压部分的部件时，应特别注意身体与高压电绝缘，最好用一只手操作，并站在绝缘板上，以减少触电危险。万一发生触电事故，应立即切断总电源，并进行急救。

（3）测量时遇到有焦味、打火现象等，要立即切断电源，并检查电路、排除故障。

（4）测量完毕应切断电源，防止意外事故发生。

一、直流稳压电源的正确使用

直流稳压电源一般有线性负反馈型稳压电源和开关型稳压电源两种。

虽然线性负反馈型稳压电源比起开关型稳压电源来说有效率低、体积庞大、电网波动适应性差等缺点，但是由于它具有纹波小、电压调整率好、内阻小的优点，特别适用于实验，故现在仍然是实验室里的主流电源。

为了不使线性串联负反馈型稳压电源在低电压、大电流输出情况下的效率降得太低，一般都在面板上设置一个选择电压范围的波段开关，以便在低电压输出时将变压器的二次侧切换到低电压的抽头上。而为了使过载时或输出端短路时稳压电源内的调整管不至于因为功耗过大而烧毁，一般都设置有保护电路。但通常保护电路是限流型保护，故保护电路即使启动，机内的调整管依然处于大功耗状态（但被限制在调整管的功耗指标内），如果超载时间过长，则调整管将因长时间发热而温度升高，如果散热不良，也有烧毁的危险。这是使用稳压电源时应该注意的。

二、直流电桥的正确使用

利用单臂电桥测量电阻是一种比较精密的测量方法，而电桥本身又是灵敏度和准确度都比较高的测量仪器，若使用不当不仅不能达到应有的准确度，给测量结果带来误差，而且可能损坏仪器，因此应掌握正确的使用方法。电桥的正确使用方法和注意事项如下。

（1）使用电桥时，首先要大致估计一下被测电阻的阻值范围和所要求的准确度，而后根据所估计的数值来选择电桥。所选用电桥的精度应略高于被测电阻的精度，其误差应小于被测电阻允许误差的 1/3。

（2）如果需外接检流计，检流计的灵敏度应选择适当。如果灵敏度太高，电桥平衡困难，调整费时；灵敏度太低，则达不到应有的测量精度。因此，所选择的检流计在调节电桥最低一挡时，只要指针有明显变化即可。

（3）如果需外接电源，直流电源应根据电桥使用说明的要求，选择各桥臂的适当数值及工作电源电压。一般电压为 2～4 V。为了保护检流计，应在电源电路中串联一可调电阻，测量时可逐渐减小电阻，以提高灵敏度。

（4）使用电桥时，应先将检流计的锁扣打开，若指针或光点不指零位，应调节检流计的零位。

（5）连接线路时，将被测电阻 R_x 接到标有 R_x 的接线柱上。如果为外接电源，则电源的正极应接电桥的"＋"端钮，电源的负极接在"－"端钮。接线应选择较粗较短的导线，并将接头拧紧，因为接头接触不良会使电桥的平衡不稳定，甚至损坏检流计。

（6）估计被测电阻 R_x 的大小，适当选择比率臂的比率。选择比率时，应使比率臂各挡都充分被利用，以提高测量的准确度。如用 QJ23 电桥测 2.222 Ω 电阻时，比率臂应在 0.001 挡，当电桥平衡时，则比率臂的四挡均被利用，此时比率臂上读数为 2 222，则：

$$R_x = \frac{R_2}{R_3} \cdot R_4 = 0.001 \times 2\ 222 = 2.222\ \Omega$$

若比率臂的比率选择不当，如为 0.1，则电桥平衡时，比率臂只能用两挡读数（为 22），即 $R_x = 2.2\ \Omega$，测量的误差就人为地增大。因此在选择比率时，应以比率臂的各挡能充分利用为前提。

（7）测量时，先将电源按钮按下并锁住，然后按下检流计按钮，若此时指针向正的方向偏转，应加大比率臂电阻，反之应减小电阻。如此反复调节，直至检流计指针平衡在零位。

在调节过程中，在电桥尚未接近平衡状态前，通过检流计的电流较大，不应使检流计按钮旋紧，只能在每次调节时短时按下按钮，观察平衡状况。当检流计指针偏转不大时，方可旋紧按钮进行反复调节。

（8）当测量小电阻时，注意把电源电压降低，并只能在测量的短暂时间内将电源接通，否则因通电时间较长，会导致桥臂过热。应该提醒的是，直流单臂电桥不适合测量 0.1 Ω 以下的电阻。

（9）当测量具有电感性绕组（如电动机或变压器绕组）的直流电阻时，应特别注意要先按下电源按钮，充一下电后再按下检流计按钮；测量完毕应先断开检流计，而后再切断电源，以免因电源的突然接通和断开所产生的自感电动势冲击检流计，而使检流计损坏。

（10）电桥使用完毕，应先切断电源，然后拆除被测电阻，将检流计的锁扣锁上，以防止搬动时震坏检流计。若检流计无锁扣，应将检流计短路，以保护检流计。

（11）对测量精度要求较高时，除了选择精度较高的电桥外，为了消除热电势和接触电势对测量结果带来的影响，在测量时应采取改变电源极性的方法，进行正反向两次测量，而

后取其平均值。

（12）当使用闲置较久的电桥时，应先将电桥上的有关接线端钮、插孔或接触点等进行清洁处理，使其接触可靠良好，转动灵活自如，以防接触不良等因素影响正常使用和测量结果。

三、万用电桥的正确使用

1. 万用电桥的测量步骤

（1）估计被测量电感量的大小，然后旋动量程开关至合适量程。

（2）旋动测量选择开关至"L"位置。

（3）在测量空心线圈时，损耗倍率开关放在 $Q\times1$ 位置；在测量高 Q 值滤波线圈时，损耗倍率开关放在 $D\times0.01$ 的位置；在测量叠片铁芯电感线圈时，损耗倍率开关放在 $D\times1$ 的位置。

（4）将损耗平衡旋钮放在 1 左右的位置，然后调节灵敏度，使电表的偏转略小于满刻度。

（5）首先调节电桥"读数"步进开关至 0.9 或 1.0 的位置，再调节滑线盘，然后调节损耗平衡旋钮使电表偏转最小，再逐步增大灵敏度。反复调节电桥的"读数"、滑线盘和损耗平衡旋钮，直至灵敏度足够，满足测量精度的分辨率（一般使用不必把灵敏度调至最大），电表指针的偏转指零或接近指零，此时可认为电桥达到平衡。

例如电桥的"读数"开关的第一位指示为 0.9，第二位滑线盘为 0.098，则被测电感量为：

$$100\ \text{mH}\times(0.9+0.098)=99.8\ \text{mH}$$

即被测量 L_x=量程开关指示值×电桥的读数值。

损耗倍率开关放在 $Q\times1$ 位置，损耗平衡旋钮指示为 2.5，则电感的 Q_x 值为：

$$Q_x=1\times2.5=2.5$$

即被测量 Q_x=损耗倍率指示×损耗平衡旋钮的指示值。

2. 万用电桥测量时应注意的事项

（1）被测元件必须与仪器的地线隔离。如果被测元件与仪器的"地"之间有连接线或通过任何阻抗与"地"相连接，都将引起误差，甚至无法进行测量。这是因为被测元件置于电桥的一个桥臂上，它的两端与"地"之间应没有直接的联系。

（2）在使用外接音频振荡器测量电容或电感时，外加音频电压值应符合电桥所规定的范围（如在 QS18A 型万用电桥中，该电压值为 1～2 V），此时测得的 D_x 值等于损耗平衡盘读数乘以 f/f_0。式中 f_0 为仪器内部振荡器的频率（如 GS18A 型电桥为 1 000 Hz），f 为外加音频振荡器的频率。

（3）测量电感线圈时若发现受到外界干扰，可先使仪器内部的振荡器停止工作（将面板上的拨动开关放在"外"的位置），然后移动被测线圈的位置和角度，使指零仪表指示值降低到最低程度，最后使仪器内部振荡器恢复工作，消除干扰后再进行测量。

（4）有些万用电桥的读数盘是通过机械传动装置用数字显示的，也有通过数字电路用数码管或液晶显示读数的，这些万用电桥的基本测量原理及使用方法基本相同，仅仅读数显示部分不同而已。

3. 万用电桥的正确使用

万用电桥有各种型号，使用时也各有特点，但基本使用方法是相同的。现以 QS18A 型电桥为例，将万用电桥的一般使用步骤介绍如下。

（1）测量前的准备工作

1）测量前必须先熟悉仪器面板上各元件及控制旋钮的作用。

2）检查仪器的输入电源电压是否符合仪器使用电源电压的规定值。

3）插上电源插头，合上电源开关预热 $5\sim15$ min。

4）如电桥使用外部音频电源或外部指零仪，应将相应的旋钮开关置于"外接"位置。

5）测量前，各调节旋钮均应置于"0"位置。

（2）测量过程

1）将被测元件接到"测量"接线柱上。

2）根据被测元件的性质，调节"测量选择"开关至相应的"C""L""$R\leqslant10$""$R>10$"等位置。

3）估计被测元件参数值的大小，将"量程开关"放置在合适的位置上。

4）逐步增大灵敏度，使指针偏转略小于满刻度。

5）先调"读数"旋钮，再调"损耗平衡"旋钮，观察指零仪表指针的偏转，使其尽量指零；然后逐渐增大灵敏度，使指针偏转略小于满刻度，再调节读数盘及损耗平衡旋钮，使指零仪表指零。如此反复调整，直至灵敏度调到足够分辨出测量精度的要求，并使电桥达到最后的平衡状态。

6）读取被测元件的数值。当电桥平衡时，把各级读数盘所指示的数字相加，再根据量程开关的位置（或倍率选择开关位置），便可得到被测元件的数值。被测元件的 D 值（或 Q 值）根据平衡时平衡旋钮的示值和损耗倍率开关的位置来决定。

第❷章 常用电子测量仪器的使用

第 6 节

指针式万用表

万用表的特点是量程多、功能多、用途广、操作简单、携带方便及价格低廉。万用表能测量的电量种类很多，不仅可以用来测量直流电流、直流电压、交流电压、电阻及音频电平等，有的万用表还有许多特殊用途，可以测量交流电流、电功率、电感、电容以及用于晶体管的简易测试等。因此，万用表是一种多用途的电工仪表，在电气维修和测量中广泛地应用。

万用表是用磁电式测量机构（又称表头）与测量电路相配合，来实现各种电量的测量的。所以，万用表实质上就是由多量程直流电流表、多量程直流电压表、多量程整流式交流电压表和多量程欧姆表所组成的，但它们合用一只表头，并在表盘上绘出几条相应被测电量的标尺。根据不同的被测量，转换相应的开关，便可达到测量的目的。

一、万用表的组成

万用表由磁电式电流表、表盘、表箱、表笔、转换开关、接线柱、插孔、调节旋钮、电阻及整流器等构成。MF-47 型万用表的面板如图 2—21 所示。

虽然万用表形式繁多，但都是由以下三个主要部分组成。

1. 表头

表头是万用表的主要元件，一般多采用高灵敏度的磁电式测量机构，它的灵敏度通常用满刻度偏转电流来衡量，满刻度偏转电流通常在 $40 \sim 200~\mu A$。表头满刻度偏转电流越小，则灵敏度越高，测量电压时内阻也就越大，说明表头的特性越好。

2. 测量线路

测量线路是万用表用来实现多种电量、多种量程测量的主要手段。实际上，它是由多量程直流电流表、多量程直流电压表、多量程整流式交流电压表和多量程欧姆表等几种线路组合而成。构成测量线路的主要元件是各种类型和阻值的电阻元件（如线绕电阻、碳膜电阻和电位器等）。依靠这些元件组成多量程交直流电流表、多量程交直流电压表和多量程欧姆表等，实现了对多种不同对象、多种功能与不同量限的测量，从而达到一表多用的目的。在交流测量时，引入了整流装置。

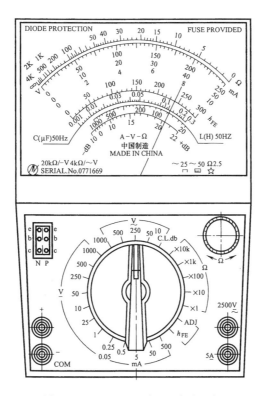

图 2—21　MF－47 型万用表的面板

3. 转换开关

转换开关又称选择式量程开关。万用表中的各种测量及其量程的选择是通过转换开关来完成的。转换开关是一种旋转式切换装置，由许多个固定触点和活动触点组成，用来闭合与断开测量回路。活动触点通常称为"刀"，当转动转换开关的旋钮时，其上的"刀"跟随转动，并在不同的挡位上和相应的固定触点接触闭合，从而接通相对应的测量线路。对转换开关的要求是切换灵活，接触良好。

万用表一般都采用多刀多掷转换开关，以适应切换多种测量线路的需要。

二、万用表的正确使用

1. 使用前准备

（1）在使用万用表前，操作者必须熟悉每个旋钮、转换开关、插孔以及接线柱等的功用，了解表盘上每条标尺刻度所对应的被测量，熟悉所使用万用表的各种技术性能。这一点对初学者或使用新表者尤为重要。

（2）万用表在使用时，应根据仪表的要求，将表水平（或垂直）放置，并放在不易受振动的地方。

（3）检查机械零点。若指针不指于零，可调节机械调零旋扭，使指针指于零。每次测量前，应核对转换开关的位置是否合乎测量要求。

（4）红表笔插在"＋"插孔，黑表笔插在"－"插孔。

2. 插孔 （接线柱 ） 的正确选择

（1）在进行测量前，应首先检查测试笔接在什么位置。

（2）红色测试笔应接在标有"＋"的插孔（或红色接线柱）上，黑色测试笔应接在标有"－"的插孔（或黑色接线柱）上。

（3）在测量电压时，仪表并联接入电路；测量电流时，仪表串联接入电路。

（4）在测量直流参数时，要使红色测试笔接被测对象的正极，黑色测试笔接被测对象的负极。

3．测量类别的选择

（1）测量时，应根据被测对象类别将转换开关旋至需要的位置。例如，当测量交流电压时，应将类别转换开关旋至标有"$\underset{\sim}{V}$"的位置，其余类推。

（2）万用表的盘面上一般有两个旋钮，一个是测量类别选择旋钮，另一个是量程转换旋钮。在使用时，应先将测量类别选择旋钮旋至对应的被测量种类的位置上，然后再将量程转换旋钮旋至相对应量程的合适位置上。

4．量程的选择

（1）根据被测量的大致范围，将量程转换旋钮旋至该类别区间的适当量程上。例如，测量 220 V 的交流电压时，就可以选择用"$\underset{\sim}{V}$"区间 250 V 的量程挡。

（2）若事先无法估计被测量的大小，应尽量选择大的测量量程，然后根据指针偏转角的大小，再逐步换到较小的量程，直到测量电流和电压时使指针指示在满刻度的 1/2 或 2/3 以上，这样测量的结果比较准确。

5．正确读数

在万用表的标度盘上有很多条标度尺，分别供测量各种被测量时使用，在测量时要在相应的标度尺上读数。

（1）标有"DC"或"－"的标度尺供测量直流时读数。

（2）标有"AC"或"～"的标度尺供测量交流时读数。

（3）标有"Ω"的标度尺供测量直流电阻时读数。

（4）测量电平及电容等应进行适当的换算。

三、万用表测量直流电流

万用表测量直流电流的工作原理是：与微安表头并联不同阻值的电阻，即构成具有不同量程的直流电流表。万用表中的直流电流测量线路，实际上是一个多量程分流器，通过转换开关的转换改变分流器的阻值，从而达到改变量程的目的。万用表一般采用图 2—22 所示的闭路式多量程分流器。当转换开关端钮转动时，测量电流的量程改变，分流支路的电阻改变，同时使表头支路电阻增加，通过表头支路电阻的增加和分流支路电阻的减小，扩大了测量电流的量程。这样，当把转换开关分别转换到五个挡位时，显然相对应有五个电流量程。

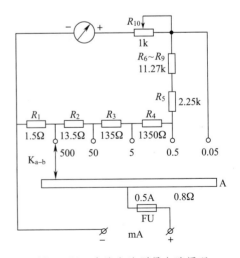

图 2—22　直流电流测量电路原理

四、万用表测量直流电压

万用表的磁电系测量机构本身可以看作一个小量程的电压表。要实现多量程、大量程的测量，必须扩大仪表的量程。万用表扩大电压量程一般采用串联电阻的方法。与微安表头串联不同阻值的电阻，则构成不同量程的直流电压表。万用表中的直流电压测量线路由不同的串联电阻组成。选配不同阻值的附加电阻与表头串联，就可获得不同的量程。

直流电压灵敏度越高，测量电压时分流越小，准确度就越高。万用表中扩大电压测量范围的串联电阻一般采用比较稳定的线绕电阻，精度较低的则采用碳膜或金属膜电阻。

多量程电压表的线路通常有三种形式，如图2—23所示。

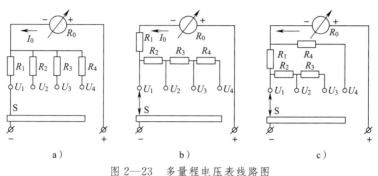

图2—23 多量程电压表线路图
a）独立串联电阻结构 b）公用串联电阻结构 c）复合串联结构

图2—23a中每一量程的串联电阻都是独立的，互不影响，调整误差时比较方便；如一个串联电阻损坏，其他各挡仍可测量。当串联电阻 $R_1 > R_2 > R_3 > R_4$ 时，则电压量程 $U_1 > U_2 > U_3 > U_4$。

图2—23b中大量程测量时，其特点是低量程挡的串联电阻被高量程挡所利用，节约了元件，尤其采用锰铜绕线电阻时比较经济。其缺点是一旦低量程的附加电阻损坏，在该量程以上的高量程挡便不能使用了。另外，还存在调整误差时相互影响的弱点。

在图2—23b中，对应电压量程 U_1 的附加电阻为 R_1，对应量程 U_2 的附加电阻为 $R_1 + R_2$，对应量程 U_3 的附加电阻为 $R_1 + R_2 + R_3$，对应量程 U_4 的附加电阻为 $R_1 + R_2 + R_3 + R_4$，则量程 $U_4 > U_3 > U_2 > U_1$。

实际的万用表直流电压测量电路如图2—24所示。

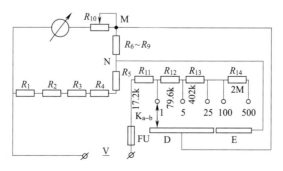

图2—24 实际的万用表直流电压测量电路

第2章 常用电子测量仪器的使用

五、万用表测量交流电压

万用表表头为磁电式结构，因此测量交流电压时，首先要把交流变换成直流。万用表中的交流电压测量线路，实际上是一个多量程的整流式交流电压表的线路，即在带有表头的整流电路中接入各种数值的附加电阻，如图 2—25 所示。图中附加电阻的计算可按下述方法进行：

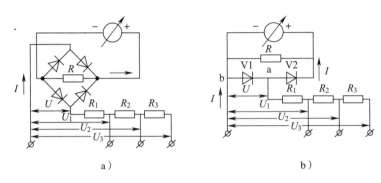

a)　　　　　　　　　　　　　　　　　b)

图 2—25　交流电压测量线路

a) 全波整流交流电压测量线路　b) 半波整流交流电压测量线路

（1）用计算或实测方法求出电表满刻度偏转时加给整流器输入端的电流有效值 I。

（2）用计算或实测方法求出电表满刻度偏转时加给整流器输入端的电压有效值 U。

（3）按下式计算各倍率量程串联电阻的阻值：

$$R_1 = \frac{U_1 - U}{I}; \quad R_2 = \frac{U_2 - U}{I}; \quad R_3 = \frac{U_3 - U}{I}$$

实际的万用表交流电压测量电路如图 2—26 所示。

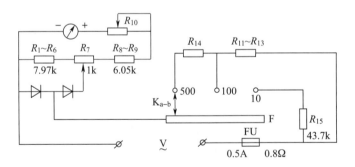

图 2—26　实际的万用表交流电压测量电路

六、万用表测量交流电流

整流系仪表配上分流电阻，就构成了多量程交流电流表，接线如图 2—27 所示。图中虚线内可看作整流系仪表。

测量交流电流时，因电表和被测电路串联，故一般希望有较小的电表内阻。但对整流系仪表来说，内阻太小时压降也小，会使整流线路特性变差，所以电表内阻压降应为 1～1.5 V。

交流电流挡附加电阻的计算原则是：先确定整流系仪表的输入电压，然后用欧姆定律计算各量限分流电阻值，再由整流系电表的灵敏度及内阻计算出总分流电阻值。

万用表测量交流电流，常采用内附电流互感器的方法扩大量程，如图 2—28 所示。

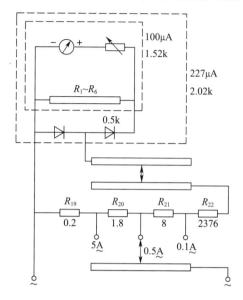

图 2—27　分流法测量交流电流线路图

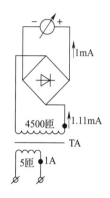
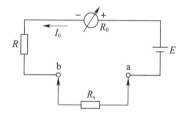

图 2—28　变流法测量交流
电流线路图

七、万用表测量电阻

万用表的电阻挡实际上就是一个多量程的欧姆表电路。

欧姆表测量电阻的原理电路如图 2—29 所示。被测电阻 R_x 接在 a、b 两个端钮之间，和电压为 E 的干电池、内阻为 R_0 的表头及固定电阻 R 构成一个串联电路。当 a、b 端钮短路（$R_x=0$）时，选择固定电阻 R，使表头指针偏转到满刻度，这时电路的电流 I_0 为：

图 2—29　测量电阻原理电路

$$I_0=\frac{E}{R+R_0}$$

当电池的电压 E、表头的内阻 R_0 和固定电阻 R 为一定值时，则通过电路的电流 I 将随被测电阻 R_x 的变化而变化。这样，就可以用电流 I 的大小来衡量被测电阻 R_x 的大小，从而实现了测量电阻的目的。即：

$$I=\frac{E}{R+R_0+R_x}$$

由以上两式可以得出：

（1）当电源电压 E 保持不变时，对应于 R_x 就会有相应的电流通过电表，表头指针偏转，表头中的电流就与被测电阻相对应。如果电表的标度只按电阻值刻度，就可以用来测量电阻。

（2）被测电阻 R_x 越大，电路中的电流越小，表针指示越小。当 $R_x=\infty$ 时，$I=0$，表针指在机械零位，即 ∞ 刻度点。可见被测电阻在 0 与 ∞ 间变化时，表针则在满刻度和零

位间反向变化，所以万用表电阻挡的欧姆标度尺为反向刻度。由于工作电流 I 和被测电阻 R_x 之间不成正比关系，所以测量电阻的标尺刻度是不均匀的。欧姆表的标尺刻度如图 2—30 所示。

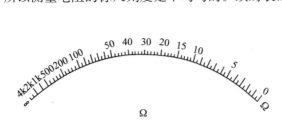

图 2—30　欧姆表的标尺刻度

第7节

数字式万用表

广泛采用新技术与新工艺并由大规模集成电路构成的数字仪表，是近几十年来发展起来的一种新型仪表，具有测量精度高、灵敏度高、速度快及数字显示等特点。进入 20 世纪 80 年代后，随着单片 CMOS A/D 转换器的广泛使用，新型袖珍式数字万用表迅速得到普及。尤其现代电子设备普遍应用微机作中央控制系统，因此，除在测试过程中特殊指明外，不能用指针式欧姆表测试微机和传感器，以免微机或传感器受损，通常应使用高阻抗的数字式万用表（内阻在 10 MΩ 以上）。

一、数字式万用表的特点

（1）数字式万用表由功能选择开关把各种输入信号分别通过相应的功能变换变成直流电压，再经 A/D 转换器直接用数字显示被测量的大小，其分辨率大大提高。

（2）数字式万用表电压挡的内阻比普通万用表高得多，因而精度高、功耗小。

（3）数字式万用表具有比较完善的过流、过压保护电路，过载能力强。

（4）数字式万用表插入"＋"插孔的红表笔在测量电阻挡时是高电位端，这一点与普通万用表相反，在使用中必须注意。

数字式万用表的显示位数一般为 4～8 位，若最高位不能显示 0～9 的所有数字，即称作"半位"，写成"1/2"位。例如，袖珍式数字万用表共有四个显示单元，习惯上叫三位半数字万用表。由于采用了数显技术，使测量结果一目了然。

3½位袖珍式数字万用表与指针式万用表主要性能比较见表 2—2。

表 2—2　　　　　　　　3½位袖珍式数字万用表与指针式万用表主要性能比较

3½位数字式万用表	指针式万用表
数字显示，读数直观，没有视差	表针指示，读数不方便且有误差
测量准确度高，分辨率 100 μV	准确度低，灵敏度为一百至几百毫伏
各电压挡的输入电阻均为 10 MΩ，但各挡电压灵敏度不等，如 200 mV 挡为 50 MΩ/V，而 1 000 V 挡为 10 kΩ/V	各电压挡输入电阻不等，量程越高，输入电阻越大，500 V 挡一般为几兆欧。各挡电压灵敏度基本相等，通常为 4～20 kΩ/V；直流电压挡的灵敏度较高

第 ❷ 章　常用电子测量仪器的使用

续表

3½位数字式万用表	指针式万用表
采用大规模集成电路，外围电路简单，液晶显示	采用分立元件和磁电式表头
测量范围广、功能全，能自动调零，操作简单	一般只能测量电流、电压、电阻，需要调机械零点，测量电阻时还要调 Ω 零点
保护电路较完善，过载能力强，使用故障率低	只有简单的保护电路，过载能力差，易损坏
测量速度快，一般为 2.5～3 次/s	测量速度慢，测量时间（不包括读数时间）需数秒
抗干扰能力强	抗干扰能力差
省电，整机耗电一般为 10～30 mW（液晶显示）	电阻挡耗电较大，但在电压挡和电流挡均不耗电
不能反映被测电量的连续变化	能反映被测电量的变化过程和变化趋势
体积很小，通常为袖珍式	体积较大，通常为便携式
价格偏高	价格较低
交流电压挡采用线性整流电路	采用二极管作非线性整流

二、DT-890 型数字式万用表主要技术性能

下面以 DT-890 型数字式万用表为例，说明数字式万用表的性能和使用方法。

DT-890 型数字式万用表的面板如图 2—31 所示。该表前后面板主要包括液晶显示器、电源开关、量程选择开关、h_{FE} 插座、输入插孔以及在后盖板下的电池盒。

液晶显示器采用 FE 型大字号 LCD 显示器，最大显示值为 1999 或 −1999。仪表具有自动调零和自动显示极性功能，即如果被测电压或电流的极性错了，不必改换表笔接线，而在显示值前面出现负号"−"，也就是说此时红表笔接低电位，黑表笔接高电位。

当叠层电池的电压低于 7 V 时，显示屏的左上方显示低电压指示符号"LO BAT"。超量程时显示"1"或"−1"。小数点由量程开关进行同步控制，使小数点左移或右移。

电源开关右侧注有"OFF"（关）和"ON"（开）字样，将开关按下接通电源，即可使用仪表；测量完毕再按开关，使其恢复到原位（即"OFF"状态）以免空耗电池。

量程开关为 28 个基本挡和 2 个附加挡，其中蜂鸣器和二极管测量为公用挡，h_{FE}（晶体管放大倍数）采用八芯插座，分 PNP 和 NPN 两组。

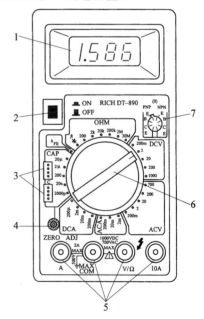

图 2—31　DT-890 型数字式万用表面板
1—液晶显示器　2—电源开关　3—电容插孔
4—测电容零点调节器　5—输入插孔
6—量程选择开关　7—h_{FE} 插座

压电陶瓷蜂鸣片装在电池盒下面，当被检查的线路接通时，能同时发出声、光指示，面板上的半导体发光二极管发出红光。

输入插孔共有四个，分别标有"10 A""A""V/Ω"和"COM"，在"V/Ω"与"COM"之间标有"MAX700V（AC），1 000 V（DC）"字样，表示从这两个孔输入的交流电压不得超过 700 V（有效值），直流电压不得超过 1 000 V，即测量电压、电阻时表笔插入这两个插孔。测电阻时，插入"V/Ω"插孔的表笔为电源高压端，插入"COM"插孔的表笔为电源负端。测直流电压时，当"V/Ω"插孔引出的红表笔接被测端高电位时，显示测量数字为正，反之为负。另外，在"A"与"COM"之间标有"MAX2A"，表示输入的交、直流电流最大不超过 2 A，若超过 2 A 小于 10 A 时，可用"10 A"与"COM"两插孔。

仪表背面有电池盒盖板，按指定方向拉出活动抽板，即可更换电池。为检修方便，表内装 0.2 A 快速熔丝管。

DT‐890 型数字式万用表主要功能及挡位如下：

（1）基本挡（28 个）：

DC.V（直流电压测量）：200 mV、2 V、20 V、200 V、1 000 V。

AC.V（交流电压测量）：200 mV、2 V、20 V、200 V、700 V。

DC.A（直流电流测量）：200 μA、2 mA、20 mA、200 mA。

AC.A（交流电流测量）：2 mA、20 mA、200 mA。

Ω（电阻测量）：200 Ω、2 kΩ、20 kΩ、200 kΩ、2 MΩ、20 MΩ。

C（电容测量）：2 000 pF、20 nF、200 nF、2 μF、20 μF。

（2）检查二极管及线路通断（蜂鸣器）。

（3）h_{FE} 测量。

（4）附加挡（2 个）：

DC.A：10 A。

AC.A：10 A。

DT‐890 型数字式万用表采用 9 V 叠层电池供电，整机功耗为 30～40 mW。

三、DT‐890 型数字式万用表的使用

使用时，将黑表笔插入"COM"插孔，红表笔视测量不同参量，可插入"V/Ω"或"A"及"10 A"插孔，按下"ON/OFF"开关，如液晶显示屏左上角无"LO BAT"字样，则意味着电池电压正常，可以进行测试。

直流电压及交流电压测试时，当将量程开关转到相应测量范围，在没测量时，显示屏显示 000；在电流挡测试前，显示也相同。而在电阻测试前，即表笔开路时，液晶屏显示"1"（在 1/2 位上）。

电容测量时，将量程开关置 CAP 的相应挡位，由于各电容挡都存在失调电压，即没有电容时也会显示一些初始值，因而测量前必须调整"ZERO ADJ"（零点调节）旋钮，使初始值为 000 或－000，然后再插上被测电容进行测量。测量电容时必须注意：每次更换电容挡，都要重新调零；应事先将被测电容短路放电，以免造成仪表损坏或测量不准。

二极管及线路通断检测是用同一个挡位。测二极管时，红表笔插入"V/Ω"孔，接二

极管正极，黑表笔插入"COM"孔，接二极管负极，则测出数值为其正向压降。据此压降值可确定二极管为锗管（显示 0.150～0.300）还是硅管（显示 0.550～0.700），并确定管脚的极性。当用来测线路通断时，若被测两点间电阻小于 30 Ω 时，则声、光同时指示。

将量程开关置 h_{FE} 挡，按 PNP 或 NPN 管分类正确插入测试插座，万用表即显示被测晶体管的 h_{FE} 值。

第 **3** 章

电子电路

第1节

基本放大电路

一、单管放大电路的组成

由三极管构成的共发射极放大电路如图3—1所示。输入信号由基极和发射极之间输入，输出信号由集电极和发射极之间输出，发射极是电路的公共端，故称为共发射极放大电路。电路中各个元件的作用如下。

1. 三极管 VT

VT 为电流放大元件，是放大电路的核心。

2. 集电极电源 U_{CC}

U_{CC} 为集电结提供反向偏置电压，保证三极管工作在放大状态。同时，U_{CC} 又是放大电路的能量来源，以便放大电路将直流电能转换为输出信号的交流电能。U_{CC} 一般为几伏到十几伏。

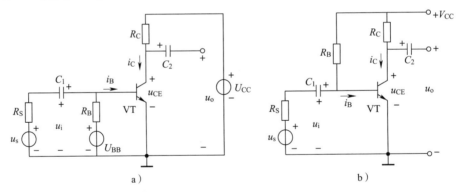

图3—1　单管共发射极放大电路

a）双电源电路　b）单电源电路

3. 集电极负载电阻 R_C

R_C 的主要作用是将集电极电流的变化转换为电压的变化输出，实现放大电路的电压放大作用。

4. 电源 U_{BB} 和偏置电阻 R_B

它们的作用是使发射结正向偏置，并提供大小适当的基极电流 I_B，使三极管有一个合适的工作点。R_B 的数值一般为几十千欧到几百千欧。

5. 耦合电容 C_1 和 C_2

C_1、C_2 的作用在于传输交流信号而隔断直流信号。C_1、C_2 的电容值一般为几微法到几十微法，通常采用极性电容。

图 3—1a 所示为采用两个电源供电，既不经济，又不方便。实际使用中，用电源 U_{CC} 代替 U_{BB}，只要 R_B 选取合适的数值，仍可保证三极管有合适的工作点。另外，电路中的 U_{CC} 通常用电位 V_{CC} 表示，电路可改画成如图 3—1b 所示的形式。在此电路中，当 R_B 一经确定，电流 I_B 就是一个固定值，所以将这种电路称为固定偏置电路。

二、放大电路的分析

1. 放大电路的直流通路和交流通路

（1）应根据直流通路分析放大电路的静态。确定直流通路的方法是将放大电路中的交流信号源视为零，电容看作开路，电感看作短路，然后作出其等效电路。以单管共射放大电路为例，其直流通路如图 3—2a 所示。

（2）应依据交流通路分析放大电路的动态。确定交流通路的方法是将放大电路中的直流电源视为零，电容视为短路，然后作出其等效电路，如图 3—2b 所示。

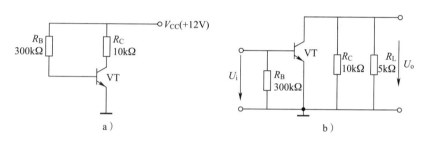

图 3—2 放大电路
a) 直流通路 b) 交流通路

2. 放大电路的静态分析

静态分析的主要方法是估算法和图解法。估算法是利用放大电路的直流通路计算各静态值。根据如图 3—2a 所示的直流通路，可求出各静态值。

基极电流：

$$I_B = \frac{V_{CC} - U_{BE}}{R_B}$$

式中 U_{BE} 是三极管基、射极间电压，硅管约为 $0.7\ \text{V}$。

当 $V_{CC} \gg U_{BE}$ 时，上式可近似为：

$$I_B = V_{CC}/R_B$$

集电极电流：

$$I_C = \beta I_B$$

集、射极间电压：

$$U_{CE} = V_{CC} - I_C R_C$$

由上可见，放大电路的静态工作点既与三极管的特性有关，又与放大电路的结构有关。

通常用调节偏置电阻 R_B 的办法调节各静态值，使放大电路获得一个合适的静态工作点。

3. 放大电路的动态分析

三极管的输入端可用 r_{be} 来等效代替。常温下低频小功率三极管的输入电阻可用下式计算：

$$r_{be} = 300 + (1+\beta)\frac{26\text{mV}}{I_E}$$

式中，I_E 为静态工作点的发射极电流，单位为 mA。r_{be} 的数值一般为几百欧到几千欧。

三极管的输出端可用一个等效的受控电流源 $\beta\Delta I_B$ 来表示。

因此，工作在交流小信号条件下的三极管，其动态特性可用图 3—3 所示的小信号模型电路来表示。当输入信号为正弦量时，电路中的所有电流、电压均可用相量表示。

将图 3—2 所示放大电路交流通路中的三极管用小信号模型电路代替，便得到放大电路的小信号模型电路，如图 3—4 所示。可用线性电路的分析方法分析其动态指标。

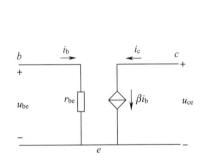

图 3—3 三极管的小信号模型电路

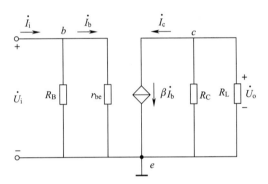

图 3—4 放大电路的小信号模型电路

（1）放大电路的电压放大倍数 A_u。电压放大倍数是衡量放大电路对输入信号放大能力的主要指标，用 A_u 表示：

$$A_u = \frac{\dot{U}_o}{\dot{U}_i} = \frac{-\dot{\beta}\dot{I}_b R'_L}{\dot{I}_b r_{be}} = -\beta\frac{R'_L}{r_{be}}$$

其中负载电阻：

$$R'_L = (R_C // R_L)$$

式中负号表示输出电压 $\dot{U}_o$ 与输入电压 $\dot{U}_i$ 相位相反。

若放大电路输出端开路（未接 R_L 时），则：

$$A_u = -\beta\frac{R_C}{r_{be}}$$

可见输出端开路时的电压放大倍数大于输出端接有负载时的电压放大倍数。

（2）放大电路的输入电阻 r_i。放大电路的输入电阻等于输入电压与输入电流之比。由图 3—4 可知：

$$r_i = \frac{\dot{U}_i}{\dot{I}_i} = R_B // r_{be}$$

一般情况下，$R_B \gg r_{be}$，所以：

$$r_i \approx r_{be}$$

即 r_i 在数值上接近 r_{be}，但 r_i、r_{be} 的概念是有区别的，r_{be} 是三极管的输入电阻，r_i 则为放大电路的输入电阻。通常要求放大电路的输入电阻要足够大，以减小放大电路对信号电压的衰减。

（3）放大电路的输出电阻 r_o。放大电路对负载而言，相当于一个电压源，其内阻定义为放大电路的输出电阻。在已知电路结构的条件下，可用求有源二端网络等效电阻的方法计算放大电路的输出电阻，也可用实验测量的方法求出。

图 3—4 所示电路，其输出电阻为：

$$r_o = R_C$$

对于一个放大电路来说，通常要求输出电阻 r_o 越小越好，以便能够带动较大的负载。

三、工作点稳定的放大电路

为稳定静态工作点，须对偏置电路加以改进。图 3—5a 所示是常用的、能使工作点稳定的放大电路。其工作原理如下：

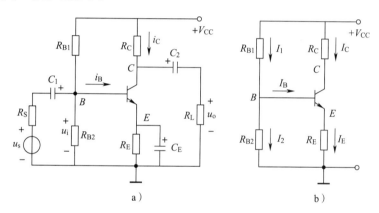

图 3—5　工作点稳定的放大电路
a）原理图　b）直流通路

图 3—5b 所示是放大电路的直流通路。R_{B1}、R_{B2} 构成偏置电路，若 R_{B1}、R_{B2} 取值适当，使得 $I_2 \gg I_B$，则 $I_1 \approx I_2$，基极电位：

$$V_B = \frac{R_{B2}}{R_{B1} + R_{B2}} \cdot V_{CC}$$

V_B 仅由 R_{B1}、R_{B2} 对 V_{CC} 的分压所决定，而与三极管的参数无关，不受温度影响。

接入射极电阻 R_E 后，三极管基射极间电压：

$$U_{BE} = V_B - V_E = V_B - I_E R_E$$

当 V_B、R_E 一定，且 $V_B \gg U_{BE}$ 时，则：

$$I_C \approx I_E = \frac{V_B - U_{BE}}{R_E} \approx \frac{V_B}{R_E}$$

可认为 I_C 不受温度影响。

在上述分析中，为使静态工作点稳定，必须满足 $I_2 \gg I_B$ 和 $V_B \gg U_{BE}$ 的条件。一般可选取 $I_2 = （5 \sim 10）I_B$，$V_B = （5 \sim 10）U_{BE}$。

第 **3** 章　电子电路

四、射极输出器

射极输出器的电路如图 3—6 所示。三极管的集电极接在电源 V_{CC} 上，发射极接有负载电阻 R_L，输出电压 u_o 由发射极取出，故称为射极输出器。

射极输出器的输入电阻高，可用作多级放大器的输入级，以减轻信号源的负担，提高放大器的输入电压。射极输出器的输出电阻低，可用作多级放大器的输出级，以减小负载变化对输出电压的影响。射极输出器也常用作中间隔离级。

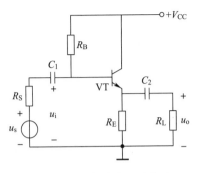

图 3—6　射极输出器的电路

五、多级放大电路

在工程实际中，被放大的信号往往是非常微弱的，单级放大电路一般不能得到所需要的放大倍数，须将多个单级放大电路逐级连接，组成多级放大电路。对多级放大器的级间耦合有下列要求：

（1）尽量不影响前后级原有的工作状态，尽量减小前后级放大器之间的相互影响。

（2）尽量减小信号在耦合电路上的损失。

（3）不能引起信号失真。

常用的耦合方式有阻容耦合、直接耦合和变压器耦合三种。

1. 阻容耦合

图 3—7 所示电路是典型的两级阻容耦合放大电路，级间通过耦合电容 C_2 和偏置电阻 R_{B21}、R_{B22} 实现连接。

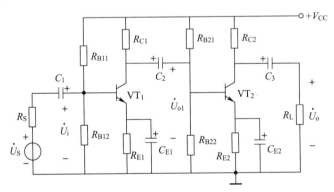

图 3—7　阻容耦合放大电路

阻容耦合方式的优点是：各级静态工作点互不影响；在传输过程中，交流信号损失小，放大倍数高；体积小、成本低等。因此，阻容耦合在多级放大电路中得到了广泛的应用。但阻容耦合方式也存在以下缺点：它不能用来放大变化缓慢的信号或直流信号；阻容耦合放大电路无法集成，因为在集成电路的制造工艺中，制造大电容是非常困难的。

2. 直接耦合

把前一级放大电路的输出端直接接到后一级的输入端，就是直接耦合方式，如图 3—8

所示。直接耦合放大电路的优点是：既能放大交流信号，又能放大变化缓慢的信号或直流信号；因为没有耦合电容，有利于电路的集成。直接耦合的缺点是，静态工作点相互影响，存在着零点漂移等。

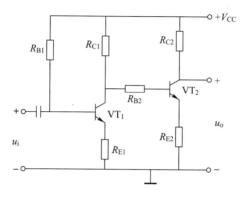

图 3—8　直接耦合放大电路

六、功率放大电路

功率放大电路与电压放大电路在工作原理上并无本质区别，只是任务各有侧重。电压放大电路的目的是放大信号的电压，而功率放大电路的任务是向负载提供足够大的功率，驱动执行机构动作。因此，功率放大电路不仅要有较高的输出电压，而且要有较大的输出电流，三极管通常工作在接近于极限状态；同时要求功率放大电路非线性失真尽可能小，效率要高。功率放大电路根据工作状态的不同，分为甲类、乙类和甲乙类三种工作状态。

互补对称电路通过容量较大的电容器与负载耦合时，称为无输出变压器电路，简称OTL 电路。如果互补对称电路直接与负载相连，就成为无输出电容电路，简称 OCL 电路。两种电路的基本原理相同。图 3—9 所示是 OTL 电路的原理图，它由两个特性相近的三极管VT$_1$（NPN 型）、VT$_2$（PNP 型）组成。

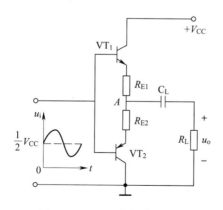

图 3—9　OTL 功率放大电路

第 ❸ 章　电子电路

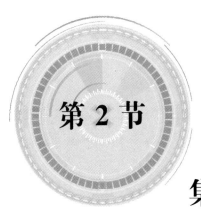

第 2 节

集成运算放大器

一、集成运算放大器的组成

集成运算放大器的类型很多，电路各不相同，但在电路结构上通常分为输入级、中间放大级、输出级三个部分。

输入级通常采用双端输入的差分放大电路，目的在于有效地减小零点漂移，抑制干扰信号，提高输入电阻。中间放大级由多级电压放大电路组成，以获得很高的电压放大倍数。输出级通常采用互补对称的共集电极电路，减小输出电阻，提高电路的带负载能力。

集成运算放大器的图形符号如图 3—10 所示。图中"▷"表示放大器，A_o 表示电压放大倍数（如果是理想运算放大器，用 ∞ 取代）。左侧有两个输入端，标"—"号的一端为反相输入端，当信号由此端与地之间输入时，输出信号与输入信号相位相反，该输入方式称为反相输入。标"＋"号的一端为同相输入端，当信号由此端与地之间输入时，输出信号与输入信号相位相同，该输入方式称为同相输入。若信号从两输入端之间输入或两输入端都有信号输入，则为差分输入。图中电源、公共端等未画出。

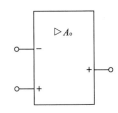

图 3—10　集成运算放大器的图形符号

二、反相输入比例运算电路

所谓比例运算，就是输出电压 u_o 与输入电压 u_i 之间具有线性比例关系，即 $u_o = k u_i$。当比例系数 $k > 1$ 时，即为放大电路。

如图 3—11 所示为反相输入比例运算电路。图中，输入信号 u_i 经过外接电阻 R_1 接到集成运算放大器的反相端，反馈电阻 R_F 接在输出端和反相输入端之间，构成电压并联负反馈，使集成运算放大器工作在线性区；同相端接平衡电阻 R_2，主要是使同相端与反相端外接电阻相等，即 $R_2 = R_1 // R_F$，以保证运算放大器处于平衡对称的工作状态，从而消除输入偏置电流及温漂的影响。

图 3—11a 可等效为图 3—11b，根据两条重要结论 $i_+ = i_- \approx 0$，$u_- = u_+$ 得出：

$$A_{uf} = \frac{u_o}{u_i} = -\frac{R_F}{R_1}$$

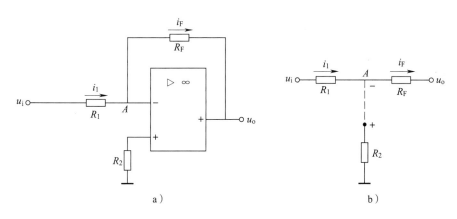

图 3—11　反相输入比例运算电路

a）电路图　b）等效电路图

即输出电压与输入电压成比例关系，且相位相反。

反相输入比例运算电路由于是电压负反馈，因而工作稳定，输出电阻小，有较强的带负载能力。

三、同相输入比例运算电路

在图 3—12a 中，输入信号 u_i 经过外接电阻 R_2 接到集成运算放大器的同相端，反馈电阻接到反相端，构成电压串联负反馈。

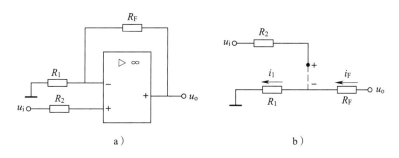

图 3—12　同相输入比例运算电路

a）电路图　b）等效电路图

根据 $u_+ \approx u_-$ ，$i_+ \approx i_- \approx 0$，则同相输入比例运算电路可等效为图 3—12b 所示。

由图 3—12 可得：

$$A_{uf} = \frac{u_o}{u_i} = 1 + \frac{R_F}{R_1}$$

即 u_o 与 u_i 为同相比例运算关系。

同相输入比例运算电路属于串联电压负反馈，具有工作稳定、输入电阻高、输出电阻低、带负载能力强等特点。基于这一点，电压跟随器得到广泛应用。

四、加法运算电路

如果在反相输入端增加若干输入电路，则构成反相加法运算电路，如图 3—13 所示。

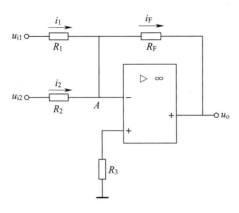

图 3—13　加法运算电路

图中 A 点为虚地，则：

$$i_F = i_1 + i_2$$

$$u_o = -i_F R_F = -(i_1 + i_2) R_F$$

$$= -\left(\frac{R_F}{R_1} u_{i1} + \frac{R_F}{R_2} u_{i2}\right)$$

当 $R_1 = R_2 = R_F$ 时：

$$u_o = -(u_{i1} + u_{i2})$$

输出为两个输入信号之和的负值。此运算可推广到多个信号。

五、减法运算电路

如果在两个输入端都有信号输入，则为差动输入。差动输入在测量和控制系统中应用很多。其运算电路如图 3—14 所示。

由叠加原理可以得到输出电压与输入电压的关系如下：

u_{i1} 单独作用时，为反相输入比例运算：

$$u_{o1} = -\frac{R_F}{R_1} u_{i1}$$

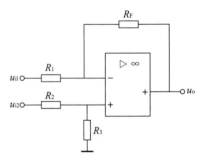

图 3—14　减法运算电路

u_{i2} 单独作用时，为同相输入比例运算：

$$u_{o2} = \left(1 + \frac{R_F}{R_1}\right) \times \frac{R_3}{R_2 + R_3} u_{i2}$$

u_{i1}、u_{i2} 共同作用时：

$$u_o = u_{o1} + u_{o2}$$

$$= -\left(\frac{R_F}{R_1} u_{i1} - \frac{R_1 + R_F}{R_1} \times \frac{R_3}{R_2 + R_3} u_{i2}\right)$$

当 $R_1 = R_2 = R_3 = R_F$ 时：

$$u_o = -(u_{i1} - u_{i2})$$

输出等于两个输入信号之差。

第 3 节

整流、滤波电路

在电子设备中都设有电源电路，它的作用就是为电子设备中各种电子元器件（如电阻、电容、电感、晶体管、集成电路、电动机、继电器等）提供电源。然而，在许多场合下元器件和电路单元都需要由直流电源甚至是稳定度较高的直流电源进行供电，这些电源又被称为直流稳压电源。直流稳压电源的功能组成如图 3—15 所示。

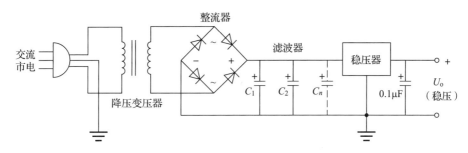

图 3—15　直流稳压电源的功能组成

（1）电源变压器。在电力系统中，为减小线路上的功率损耗，实现远距离输电，而将电源电压 220 V（或 380 V）送入输电电网。而各种电子设备所需要直流电压的幅值却各不相同，因此，在使用电子设备时就需首先用降压变压器将电网电压降到所需要的交流电压值，然后将变换以后的二次电压整流、滤波和稳压，最后得到所需要的电压幅值。

（2）整流电路。整流电路的作用是利用具有单向导电性能的整流元件，将正负交替的正弦交流电压转换成单方向的脉动直流电压。但是，这种单方向的脉动直流电压往往包含着很大的脉动成分，距离理想的直流电压还差得很远。

（3）滤波电路。整流电路可以将交流电压转换成为直流电压，但是这种直流电压的脉动较大。在某些应用中，如电镀、蓄电池充电等场合中可以直接使用脉动直流电源，但在绝大多数情况下，电子设备需要使用平稳的直流电源。滤波电路可以利用电容或电感的能量储存功能，在极大程度上将这种脉动去除，使输出电压成为比较平滑的直流电压。

（4）稳压电路。虽然经过变压、整流及滤波后，交流电压变成了直流电压，并基本去除了其中的脉动成分。但是，当电网电压、交流电源发生波动，或负载发生变化时，直流电压也将受到影响，稳压性能较差。稳压电路能够将不稳定或不可控的整流电压变换成为稳定且

第 3 章　电子电路

可调的直流电压。

本节将重点介绍整流电路和滤波电路的基本电路结构、工作原理、性能指标及分析方法等。

一、整流电路

整流电路的功能就是将正负交替的正弦交流电压变换成为单方向的脉动直流电压。可以根据半导体二极管的单向导电性组成整流电路。

整流电路按输出波形，可以分为半波整流和全波整流两种；按组成的器件，可分为不可控、半控、全控三种；按电路结构，可分为桥式电路和半波电路；按交流输入相数，分为单相电路和多相电路。常见的整流电路有单相半波整流电路、单相全波整流电路和单相桥式整流电路等。常见整流电路的电路图、波形图及参数见表3—1。

表 3—1 　　　　　　　　　　**常见整流电路的电路图、波形图及参数**

类型	电路图	波形图	整流电压平均值	每管电流平均值	每管承受最高反压
单相半波			$0.45U$	I_o	$1.414U$
单相全波			$0.9U$	$I_o/2$	$2.828U$
单相桥式			$0.9U$	$I_o/2$	$1.414U$
三相半波			$1.17U$	$I_o/3$	$2.449U$
三相桥式			$2.34U$	$I_o/3$	$2.449U$

1. 单相半波整流电路

图 3—16 所示是一种最简单的单相半波整流电路。它由变压器 T_r、整流二极管 VD 和负载电阻 R_L 组成。变压器把电网电压 u_1（220 V 或 380 V）变换为所需要的交变电压 u_2，VD 再把交变电压变换为脉动直流电压。

输出电压 u_o 是一个方向和大小都随时间变化的正弦波电压，它的波形如图 3—17 所示。在 $0 \sim \pi$ 时间内，u_2 为正半周，即变压器二次侧上端为正、下端为负，此时二极管 VD 承受正向电压而导通，u_2 通过它加在负载电阻 R_L 上；在 $\pi \sim 2\pi$ 时间内，u_2 为负半周，变压器二次侧下端为正、上端为负，这时二极管 VD 承受反向电压不导通，R_L 上无电压；在 $2\pi \sim 3\pi$ 时间内，重复 $0 \sim \pi$ 时间的过程；而在 $3\pi \sim 4\pi$ 时间内，又重复 $\pi \sim 2\pi$ 时间的过程。这样反复下去，u_2 的负半周就被"削"掉了，只有正半周在 R_L 上获得了一个单一方向（上正下负）的电压，从而达到了整流的目的。但是，负载电压 u_o 以及负载电流的大小还随时间而变化。因此，通常称它为脉动直流。

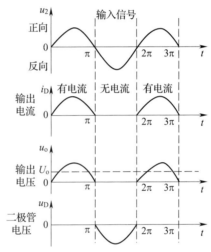

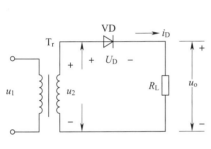

图 3—16　单相半波整流电路　　　　图 3—17　单相半波整流电路波形图

这种除去半周、剩下半周的整流方法，叫半波整流。不难看出，半波整流是以"牺牲"一半交流为代价而换取整流效果的，整流得出的半波电压在整个周期内的平均值，即负载上的直流电压为：

$$U_o = 0.45U_2$$

综上所述，由于二极管的单向导电作用，变压器二次交流电压变换成为负载两端的单向脉动电压，达到了整流的目的。因为这种电路只在交流电压的半个周期内才有电流流过负载，所以称为单相半波整流电路。

半波整流电路的优点是结构简单，使用的元件少。但是也有明显的缺点：输出波形脉动大；直流成分比较低；电源变压器有半个周期不导电，电流利用率低；电源变压器电流含有直流成分，容易饱和。所以半波整流电路只能用在高电压、输出电流较小、要求不高的场合，而在一般电子装置中很少采用。

2. 单相全波整流电路

如果把半波整流电路的结构做一些调整，可以得到一种能充分利用电能的全波整流电路。图 3—18 所示是单相全波整流电路，波形如图 3—19 所示。

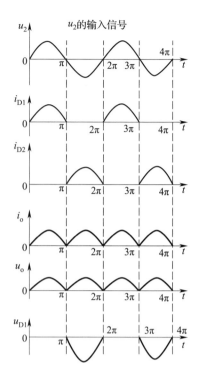

图 3—19　单相全波整流
电路波形图

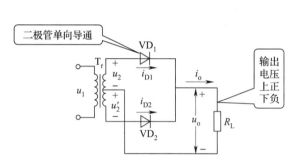

图 3—18　单相全波整流电路

　　单相全波整流电路可以看作由两个单相半波整流电路组合而成。变压器二次线圈中间需要引出一个抽头，把二次线圈分成两个对称的绕组，从而引出大小相等但极性相反的两个电压 u_2 和 u'_2，构成 u_2、VD_1、R_L 与 u'_2、VD_2、R_L 两个通电回路。

　　全波整流电路的工作原理可用图 3—19 所示的波形图说明。在 $0 \sim \pi$ 时间内，u_2 对 VD_1 为正向电压，VD_1 导通，在 R_L 上得到上正下负的电压；u'_2 对 VD_2 为反向电压，VD_2 不导通。在 $\pi \sim 2\pi$ 时间内，u'_2 对 VD_2 为正向电压，VD_2 导通，在 R_L 上得到的仍然是上正下负的电压；u_2 对 VD_1 为反向电压，VD_1 不导通。如此反复，由于两个整流元件 VD_1、VD_2 轮流导电，结果负载电阻 R_L 上在正、负两个半周作用期间都有同一方向的电流通过，因此称为全波整流，全波整流不仅利用了正半周，而且还巧妙地利用了负半周，从而大大地提高了整流效率，即负载上的直流电压：

$$U_{\circ} = 0.9U_2$$

比半波整流时大一倍。

　　这种全波整流电路需要变压器有一个使上下两端对称的二次中心抽头，这给制作上带来很多的麻烦。另外，这种电路中，每个整流二极管承受的最大反向电压是变压器二次电压最大值的两倍，因此需用能承受较高电压的二极管。

3. 单相桥式整流电路

　　桥式整流电路是使用最多的一种整流电路。这种电路只要增加两个二极管连接成"桥"式结构，便具有全波整流电路的优点，而同时在一定程度上克服了全波整流电路的缺点。图 3—20 所示是单相桥式整流电路，波形如图 3—21 所示。

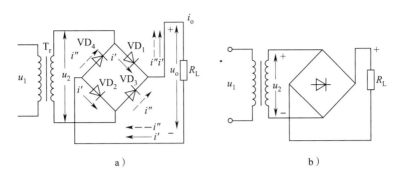

图 3—20 单相桥式整流电路
a）常用表示法 b）简化表示法

桥式整流电路的工作原理如下：u_2 为正半周时，对 VD_1、VD_2 加正向电压，VD_1、VD_2 导通，对 VD_3、VD_4 加反向电压，VD_3、VD_4 截止，电路构成 u_2、VD_1、R_L 和 VD_2、u_2 的通电回路，在 R_L 上形成上正下负的半波整流电压；u_2 为负半周时，对 VD_3、VD_4 加正向电压，VD_3、VD_4 导通，对 VD_1、VD_2 加反向电压，VD_1、VD_2 截止，电路构成 u_2、VD_3、R_L 和 VD_4、u_2 的通电回路，同样在

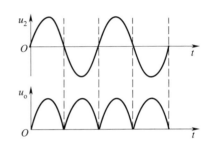

图 3—21 单相桥式整流电路波形

R_L 上形成上正下负的另外的半波整流电压。如此重复下去，结果在 R_L 上便得到全波整流电压。其波形图和全波整流波形图是一样的。负载上的直流电压和全波整流电路输出直流电压一样，为：

$$U_o = 0.9 U_2$$

从表 3—1 中不难看出，桥式电路中每个二极管承受的反向电压等于变压器二次电压的最大值，比全波整流电路小一半。

4. 桥堆构成的整流电路

整流桥堆是把四个整流二极管接成桥式整流电路，再用环氧树脂或绝缘塑料封装而成，其外形如图 3—22a 所示。在它的外壳上标有型号、额定电流、工作电压以及输入（～）和输出（＋ 、－）等极性符号，使用起来十分方便。

要判定整流桥堆的好坏，可将数字万用表拨在二极管挡，按如图 3—22b 所示顺序测量 a、b、c、d 之间二极管各正向压降和反向压降，再将测量所得数据与表 3—2 进行对照。

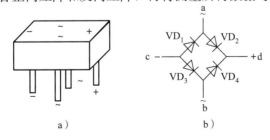

图 3—22 整流桥堆
a）外形 b）测量顺序

表 3—2 测量整流桥堆的正、反向压降

测量端	二极管正向压降/V	二极管反向压降
a、c	0.521	显示溢出符号"1"
d、a	0.539	
b、c	0.526	
d、b	0.526	

桥堆构成的桥式整流电路与四个二极管构成的整流电路相同，将四个二极管封装在一起时就是桥堆。

如图 3—23 所示是桥堆构成的桥式整流电路，图中实线、虚线箭头分别表示 u_2 正、负半周时流过 R_L 的电流的方向。电路中的 ZL 是桥堆，它的内电路为四个接成桥式电路的整流二极管，如图 3—24 所示。

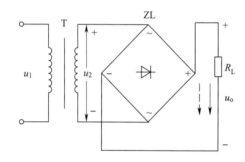

图 3—23 桥堆构成的桥式整流电路

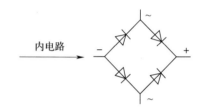

图 3—24 桥堆内电路

如果将桥堆 ZL 的内电路接入电路中，就是一个标准的桥式整流电路，电路分析方法同前。

在掌握了分立元器件的桥式整流电路工作原理之后，只需要围绕桥堆 ZL 的四个端子进行电路分析即可。

（1）找出两个交流电压输入端子"～"与电源变压器二次线圈相连的电路，这两个端子没有正负极性。

（2）正极性端"＋"输出正极性直流电压。

（3）负极性端"—"输出负极性电压，在电路中必须接地。

二、滤波电路

整流电路虽然能把交流电转换为直流电，但是所得到的输出电压是单相脉动电压，存在着很大的脉动成分，无法满足生产和生活中的绝大部分控制设备和电子产品的工作需要。因此，大部分电子电路都需要增加滤波电路，以减少输出电压中的脉动成分。换句话说，滤波的任务就是把整流器输出电压中的脉动成分尽可能地减小，改造成接近恒稳的直流电。

滤波电路一般由电抗元件组成，如在负载电阻两端并联电容器，或给负载串联电感器，以及由电容、电感组合而成各种复式滤波电路。常用的滤波电路包括电容滤波电路、电感滤波电路、复式滤波电路和有源滤波电路等。

1. 电容滤波电路

电容滤波电路就是利用电容的基本特性进行滤波的电路。电容器是一个储存电能的仓库。在电路中，当有电压加到电容器两端的时候，便对电容器充电，把电能储存在电容器中；当外加电压失去（或降低）之后，电容器将把储存的电能再放出来。充电的时候，电容器两端的电压逐渐升高，直到接近充电电压；放电的时候，电容器两端的电压逐渐降低，直到为零。电容器的容量越大，负载电阻值越大，充电和放电所需要的时间越长。电容器两端电压不能突变的特性，正好可以用来承担滤波的任务。

半波整流电容滤波电路如图 3—25 所示。其滤波原理如下。电容 C 并联于负载 R_L 两端，$u_o = u_C$。在没有并入电容 C 之前，整流二极管在 u_2 的正半周导通，负半周截止，输出电压 u_o 的波形如图 3—26 所示。并入电容 C 之后，设在 $\omega t = 0$ 时接通电源，则当 u_2 由零逐渐增大时，二极管 VD 导通，电流向电容 C 充电，充电电压 $u_C = u_o$，极性为上正下负。如忽略二极管的内阻，则 u_C 可充到接近 u_2 的峰值。在 u_2 达到最大值以后开始下降，此时电容器上的电压 u_C 也将由于放电而逐渐下降。当 $u_2 < u_C$ 时，VD 因反偏而截止，于是 C 以一定的时间常数通过 R_L 按指数规律放电，u_C 下降，直到下一个正半周，当 $u_2 > u_C$ 时，VD 又导通。如此下去，电路就这样周期性地重复上述过程。

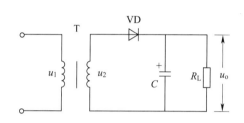

图 3—25 半波整流电容滤波电路

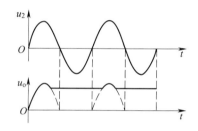

图 3—26 半波整流电容滤波电路的波形

输出电压 u_o 是靠电容 C 上所充的电压通过 R_L 放电来维持的。由于一般 R_L 的值远远大于电源内阻与二极管 VD 正向电阻的串联值，因此电容的放电时间常数大于充电时间常数，在放电期间 u_o 的下降不大，故而输出电压的波形比以前平滑多了。

单相桥式整流电容滤波电路如图 3—27 所示。

桥式或全波整流电容滤波的原理与半波整流电容滤波基本相同，滤波波形如图 3—28 所示。

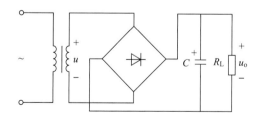

图 3—27 单相桥式整流电容滤波电路

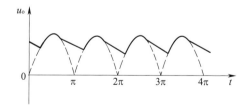

图 3—28 桥式或全波整流电容滤波的滤波波形

经分析可以看出以下几点。

（1）加了电容滤波之后，由于电容的储能作用，输出电压的直流成分提高了，而脉动成分降低了，不但使输出电压的平均值增大，而且使其变得比较平滑了。

第 **3** 章 电子电路

（2）电容的放电时间常数（$\tau = R_{\mathrm{L}}C$）越大，放电越慢，输出电压越高，脉动成分也越少，即滤波效果越好。

（3）电容滤波电路中整流二极管的导电时间缩短了，即导通角小于$180°$，流过整流二极管的是一个很大的冲击电流，对管子的寿命不利，选择时必须留有较大余量。

（4）电容滤波电路的外特性（指u_o与R_{L}上电流之间的关系）和脉动特性（指脉动系数S与R_{L}上电流之间的关系）比较差，电容滤波一般适用于负载电流变化不大的场合。

（5）电容滤波电路结构简单、使用方便、应用较广。

2. 电感滤波电路

在整流电路输出端和负载电阻R_{L}之间串入一个电感器L，就组成了电感滤波电路。电感滤波电路一般不适用于半波整流电路中。图3—29所示是一个典型的桥式整流电感滤波电路。

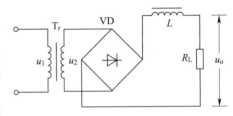

图3—29　桥式整流电感滤波电路

电感滤波电路的工作原理是利用电感的储能作用减小输出电压的纹波，从而得到比较平滑的直流电。当电感中通过变化的电流时，电感两端便会产生反电动势来阻碍电流的变化：当流过电感的电流增大时，反电动势就会阻碍其增大，并且将一部分电能转变为磁场能储存在电感线圈内；当流过电感线圈的电流减小时，反电动势又会阻碍其减小，并释放出电感中所储存的能量，从而大幅度地减小输出电流的变化，达到滤波的目的。

电感滤波的特点如下。

（1）整流管的导通角较大（电感L的反电动势使整流管导通角增大），峰值电流很小，输出特性比较平坦。

（2）由于铁芯的存在，电路笨重、体积大，易引起电磁干扰，一般只适用于低电压、大电流场合。

为了进一步减小负载电压中的纹波，电感后面可再接一电容而构成"Γ"形滤波电路或"Π"形RC滤波电路。

3. 复式滤波电路

把电容接在负载并联支路，把电感或电阻接在串联支路，可以组成复式滤波电路，达到更佳的滤波效果。复式滤波电路主要有"Γ"形滤波电路和"Π"形滤波电路，"Π"形滤波电路中又有"Π"形LC滤波电路和"Π"形RC滤波电路。

（1）"Γ"形滤波电路。"Γ"形滤波电路其实就是将电容滤波和电感滤波结合起来的滤波电路，如图3—30所示。

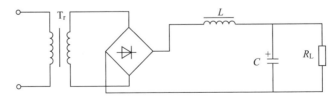

图3—30　"Γ"形滤波电路

"Γ"形滤波电路的主要特点如下。

1）兼有电容滤波电路和电感滤波电路的特点，对一般的负载电流均有较好的滤波特性。

2）适用于输出电压比较稳定而负载电流变化较大的场合。

（2）"Π"形LC滤波电路。图3—31所示是由电感与电容组成的"Π"形LC滤波电路，它其实就是电容滤波电路再加上一级"Γ"形滤波电路。

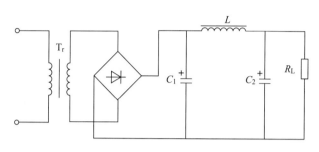

图3—31　"Π"形LC滤波电路

"Π"形LC滤波电路的主要特点如下。

1）由电感与电容组成的LC滤波器，其滤波效能很高，几乎没有直流电压损失。

2）适用于负载电流较大、要求纹波很小的场合。

3）由于电感体积和质量大（高频时可减小），比较笨重，成本也较高。

（3）"Π"形RC滤波电路。图3—32所示是由电阻与电容组成的"Π"形RC滤波电路，它其实就是将"Π"形LC滤波电路中笨重的电感换成了电阻。

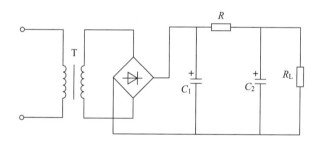

图3—32　"Π"形RC滤波电路

"Π"形RC滤波电路的主要特点如下。

1）结构简单。

2）能兼起降压、限流作用，滤波效能也较高。

3）由于电阻R上的功率损耗较大，只适用于对滤波特性要求较高而负载电流较小的设备。

（4）RC有源滤波电路。为了提高滤波效果，在RC电路中增加有源器件——晶体管，就可以形成RC有源滤波电路，它可以解决"Π"形RC滤波电路中交、直流分量对R的要求相互矛盾的问题。有源滤波电路又称电子滤波器，因为在滤波电路中采用了有源晶体器件而得名。

常见的RC有源滤波电路如图3—33所示。

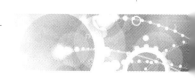

第**❸**章　电子电路

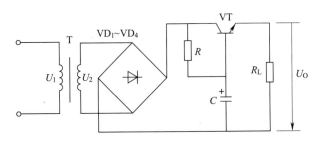

图 3—33　RC 有源滤波电路

该电路的主要特点如下。

1）由于三极管的放大作用，发射极上的电容得到放大，滤波效能比单纯的电容滤波电路要好得多。

2）由于负载 R_L 接于晶体管的发射极，故 R_L 上的直流输出电压基本上同 RC 无源滤波输出的直流电压相等。

这种滤波电路滤波特性较好，广泛地用于一些小型电子设备中。

第 4 节

直流稳压电路

经整流滤波后输出的直流电压虽然平滑程度较好，但其稳定性比较差，其原因主要有以下三个方面。

（1）由于输入电压（市电）不稳定（通常交流电网允许有±10％的波动）而导致整流滤波电路输出直流电压不稳定。

（2）当负载 R_L 变化时，由于整流滤波电路存在一定的内阻，使得输出直流电压发生变化。

（3）环境温度发生变化引起电路元件（特别是半导体器件）参数发生变化，导致输出电压发生变化。

因此，经整流滤波后的直流电压，必须采取一定的稳压措施，才能适合电子设备的需要。

常用的稳压电路有使用稳压管组成的简单稳压电路、调整元件（三极管）与负载串联的串联型稳压电路和集成稳压电路三种。

一、简单稳压电路

1. 简单稳压电路的组成及特征

简单稳压电路主要由硅稳压管与电阻组成，如图 3—34 所示。

图 3—34 中，稳压管 VD_W 是利用二极管的反向击穿特性制成的半导体器件，其伏安特性如图 3—35 所示。

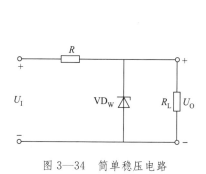

图 3—34　简单稳压电路

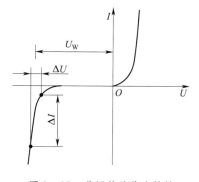

图 3—35　稳压管的伏安特性

从图 3—35 中可以看出，稳压管的正向特性与一般二极管相同，而反向特性却不同。当反向电压逐渐增大时，起初电流很小，当电压增大到某一数值时，即使电压有很小的增加，电流也会改变很多，此时，稳压管进入了击穿状态，只要 PN 结的温度不超过允许值，稳压管就仍能够正常工作，这就是稳压管的基本特性。

电路中的电阻 R 又称为限流电阻，在本电路中必不可少，它的主要作用如下。

1）限制稳压管反向击穿后的电流，防止电流过大烧毁稳压管。

2）当电网电压发生波动而引起输入电压 U_I（整流滤波后的电压）发生变化时，可以通过调节 R 上的电压来保持输出电压不变。

2. 简单稳压电路的工作原理

简单稳压电路的稳压原理如下：当 U_I 增大时，输出电压 U_O 有升高的趋势，稳压管 VD_W 中的电流增大，使电路中总电流也增大，导致限流电阻 R 上的压降增大，U_I 增加的部分其实降落在 R 上，使得输出电压 U_O 基本保持不变；反之，当 U_I 减小时，输出电压 U_O 有减小的趋势，稳压管 VD_W 中的电流减小，使电路中总电流也减小，导致限流电阻 R 上的压降降低，U_I 减小的部分降落在 R 上，使得输出电压 U_O 基本保持不变。

而当 U_I 不变而负载 R_L 发生变化时，由于 R_L 变化造成其上电流的变化，输出电压 U_O 会随之变化，从而引起稳压管 VD_W 中电流的剧烈变化，而使电路中总电流保持不变，则限流电阻 R 上的压降不会改变，稳定了输出电压 U_O。

综上所述，在简单稳压电路中，稳压管起到了电流控制的作用，从而调节了限流电阻 R 上的压降，最终使得输出电压 U_O 基本保持不变。

3. 简单稳压电路的主要特点

（1）结构简单，元器件较少。

（2）当电网电压和负载电流的变化过大时，电路不能适应。

（3）输出电压 U_O 不能调节。

（4）仅适用于负载电流小、电压固定不变及负载变化不大的场合。

二、串联调整型稳压电路

1. 串联型稳压电路

串联型稳压电路的稳压原理可用如图 3—36 所示电路来说明。图中可变电阻 R 与负载 R_L 相串联。若 R_L 不变，当输入电压 U_I 增大（或减小）时，增大（或减小）R 值使输入电压 U_I 的变化全部降落在电阻 R 上，从而保持输出电压 U_O 基本不变。同理，若 U_I 不变，当负载电流 I_O 变化时，也相应地调整 R 的值，以保持 R 上的压降不变，使输出电压 U_O 也基本不变。

在实际的稳压电路中，依靠手动调节 R 的值以达到稳压的目的是不现实的。于是通常使用晶体三极管来代替可变电阻 R，利用负反馈的原理，以输出电压的变化量控制三极管集、射极间的电阻值，以维持输出电压基本不变。

晶体管调压电路如图 3—37 所示。

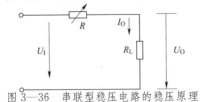

图 3—36　串联型稳压电路的稳压原理

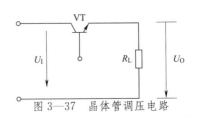

图 3—37　晶体管调压电路

电路中，三极管 VT 起电压调整作用，故称调整管。因它与负载 R_L 是串联连接的，故称串联型稳压电路。

图 3—38 所示是一种常见的单管串联型稳压电路。

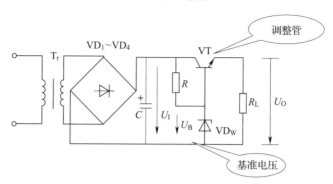

图 3—38　单管串联型稳压电路

图 3—38 中，VT 为调整管，VD_W 为稳压二极管。

该电路的稳压原理如下：当输入电压 U_I 增加或负载电流 I_L 减小，使输出电压 U_O 增大时，则三极管的 U_{BE} 减小，从而使 I_B、I_C 都减小，U_{CE} 增加（相当于 R_{CE} 增大），结果使 U_O 基本不变。这一稳压过程可表示为：

$$U_I \uparrow (\text{或 } I_L \downarrow) \rightarrow U_O \uparrow \rightarrow U_{BE} \downarrow \rightarrow I_B \downarrow \rightarrow I_C \downarrow \rightarrow U_{CE} \uparrow \rightarrow U_O \downarrow$$

同理，当 U_I 减小或 I_L 增大，使 U_O 减小时，通过与上述相反的稳压过程，也可维持 U_O 基本不变。

从放大电路的角度看，该稳压电路是一射极输出器（R_L 接于 VT 的发射极），其输出电压 U_O 是跟随输入（三极管基极）电压 U_B 变化的，因 U_B 是一稳定值，故 U_O 也是稳定的，基本上不受 U_I 与 I_L 变化的影响。

图 3—39 所示是 PNP 型三极管串联型稳压电路。

上述稳压电路，由于直接用输出电压的微小变化量去控制调整管，其控制作用较小，所以稳压效果不好。如果在电路中增加一级直流放大电路，把输出电压的微小变化加以放大，再去控制调整管，其稳压性能便可大大提高，这就是带放大环节的串联型稳压电路。

图 3—40 所示是带有放大环节的串联型稳压电路的原理框图。

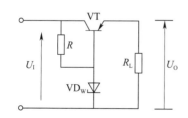

图 3—39　PNP 型三极管串联型稳压电路

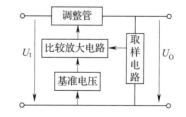

图 3—40　带有放大环节的串联型稳压电路的原理框图

带有放大环节的串联型稳压电路通常由调整管、取样电路、比较放大电路和基准电压四部分组成。它的基本工作原理是：当输出电压变化时，由取样电路取出变化量中的一

部分送到比较放大电路，将其与基准电压进行比较，并对两者的差值进行放大，去控制调整管的基极电压，最后使输出电压向原变化趋势的反方向变化，从而达到稳定输出电压的目的。

图 3—41 所示是一种典型的带有放大环节的串联型稳压电路。

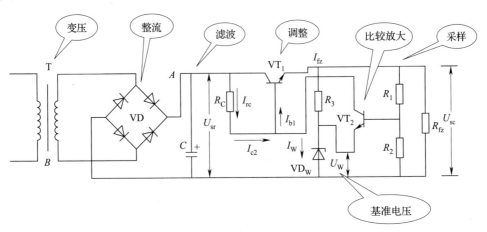

图 3—41　带有放大环节的串联型稳压电路

图 3—41 中，VT_1 是调整管，VT_2 是比较放大管，VD_W 是稳压管。VD_W 和 R_3 组成稳压电路，提供基准电压。输出电压变化量 ΔU_{sc} 的一部分与基准电压 U_W 比较，两者的差值经 VT_2 放大后送到了 VT_1 的基极。R_C 是 VT_2 的集电极电阻，又是 VT_1 的上偏置电阻。R_1、R_2 是 VT_2 的上、下偏置电阻，组成分压电路，把 ΔU_{sc} 的另一部分作为输出电压的取样，送给 VT_2 的基极，因此这一部分电压又叫取样电压。

从电路中可以看出，当输出电压 U_{sc} 下降时，通过 R_1、R_2 组成的分压电路的作用，VT_2 的基极电位也下降。由于基准电压 U_W 使 VT_2 的发射极电位保持不变，于是 VT_2 集电极电流减小，U_{c2} 增高，即 VT_1 的基极电位增高，集电极电流增加，管压降减小，从而导致输出电压 U_{sc} 保持基本稳定。VT_2 的放大倍数越大，调整作用就越强，输出电压就越稳定。

同样道理，如果输出电压 U_{sc} 增高，该电路又会通过反馈作用使 U_{sc} 减小，保持输出电压基本不变。

图 3—41 中 R_C 是放大级的负载电阻，又相当于调整管的偏置电阻。R_C 增大，放大倍数增大，有利于提高稳压器指标；但 R_C 过大，会使 VT_2 和 VT_1 上电流太小，限制了负载电流和调整范围。

U_W 选择范围比较宽，只要不使 VT_2 饱和（即 U_W 比 U_{sc} 低 2 V 以下）即可。U_W 取得大，取样电压可大些，有利于提高稳压性能。

输入电压 U_{sr} 应大于输出电压 U_{sc} 3～8 V。U_{sr} 过小，VT_1 容易饱和而起不到调整作用；U_{sr} 过大，则增加管子耗损，并浪费功率。整流纹波小的，U_{sr} 可取低些；纹波大的，U_{sr} 应取高些。

VT_1 的 β 值要尽量大，为此可以使用复合管。VT_1 的功耗也要足够大。

VT_2 也要选用 β 值大的管子，以增强对调整管的控制作用，使输出更稳定。在 U_{sc} 较大的稳压电路中，还应注意 VT_2 所能承受的反向电压。

分压电阻（R_1 和 R_2）要适当小些，以提高电路性能。通常取流过分压电阻的电流大于

VT_2 基极电流的 5～10 倍。分压比取决于输出电压 U_{sc} 和基准电压 U_W，分压比要选得大些，一般选 0.5～0.8。

2. 改进型串联稳压电路

以下介绍三种用于满足特殊需要的改进型串联稳压电路。

（1）用复合管作调整管的稳压电源电路。在稳压电源中，负载电流要流过调整管，输出大电流的电源必须使用大功率的调整管，这就要求有足够大的电流供给调整管的基极，而比较放大电路供不出所需要的大电流；另外，调整管需要有较高的电流放大倍数才能有效地提高稳压性能，但是大功率调整管一般电流放大倍数都不高。解决这些矛盾的方法是给原有的调整管配上一个或几个"助手"，即组成复合管。用复合管作为调整管的稳压电源电路如图 3—42 所示。

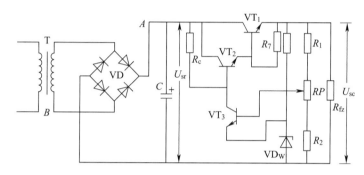

图 3—42　用复合管作为调整管的稳压电源电路

用复合管作为调整管时，VT_2 的反向电流将被放大，尤其是采用大功率锗管时，反向截止电流比较大，并随温度升高呈指数增加，很容易造成高温空载时稳压电源的失控，使输出电压 U_{sc} 增大。误差信号 ΔU_{sc} 经放大加到 VT_2 的基极，可能迫使 VT_2 截止。为了使调整管在不同温度下都工作在放大区，常在 VT_1 的基极和电源的正极或负极之间加电阻 R_7。在温度或负载变化不大或 VT_1、VT_2 全用硅管时，可不加这个电阻。

（2）输出电压可调的稳压电源电路。从上面电路可以看出，输出电压与基准电压之间的关系是由分压电路来"调配"的。在基准电压一定的情况下，改变分压比，就可以在一定范围内改变输出电压。图 3—42 中，在 R_1 与 R_2 之间接一个电位器 RP，便可以实现输出电压在一定范围内连续可调。

（3）带有保护电路的稳压电源电路。稳压电路要采取短路保护措施才能保证安全可靠地工作。普通熔丝熔断较慢，用加熔断器的办法达不到保护作用，因而必须加装保护电路。

保护电路的作用是保护调整管在电路短路或电流增大时不被烧毁。其基本原理是：当输出电流超过某一值时，使调整管处于反向偏置状态而截止，自动切断电路电流。

保护电路的形式很多，主要包括二极管保护电路和三极管保护电路。

图 3—43 所示是二极管保护电路，由二极管 VD 和电阻 R_0 组成。正常工作时，虽然二极管两端的电压上低下高，但仍处于反向截止状态。负载电流增大到一定数值时，二极管导通。由于 $U_{VD}=U_{BE1}+R_0\times I_E$，而二极管的导通电压 U_{VD} 是一定的，则 U_{BE1} 被迫减小，从而使 I_E 限制到一定值，达到保护调整管的目的。在使用时，二极管要选用 U_{VD} 值大的。

图 3—44 所示是三极管保护电路，由三极管 VT_2 和分压电阻 R_4、R_5 组成。电路正常工作时，通过 R_4 与 R_5 的分压作用，使得 VT_2 的基极电位比发射极电位高，发射极承受反向电压，于是 VT_2 处于截止状态（相当于开路），对稳压电路没有影响；当电路短路时，输出电压为零，VT_2 的发射极相当于接地，则 VT_2 处于饱和导通状态（相当于短路），从而使调整管 VT_1 基极和发射极接近于短路而处于截止状态，切断电路电流，从而达到保护的目的。

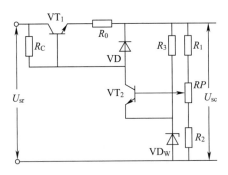

图 3—43　二极管保护电路

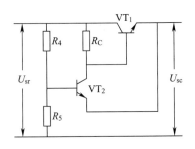

图 3—44　三极管保护电路

三、集成稳压电路

1. 三端集成稳压电路

为了简化稳压电路的设计，市场上有现成的集成稳压电路出售。所谓集成稳压电路，其实就是将串联型稳压电路中的调整管、稳压管和取样放大管等主要部分制作在一块芯片上的电路。它具有线路连接简单、使用方便、体积小、可靠性高等特点。

目前使用较多的是三端式的集成稳压电路（三端集成稳压器）。所谓三端集成稳压器，就是有三个端口，如国产的 W7800 系列（输出电压为正电压）及 W7900 系列（输出电压为负电压）的输入、输出及公共（地）端（见图 3—45、图 3—46），美国通用半导体公司的 LM317、LM337 系列的输入、输出及调整端（见图 3—47、图 3—48）。

三端集成稳压器主要分为固定电压式和可调电压式两种。W7800 系列及 W7900 系列三端集成稳压器属于固定电压式，LM317 系列、LM337 系列三端集成稳压器属于可调电压式。其中，LM317 系列的输出电流为 1 A，最大输出电流为 1.5 A，输出电压在 1.25～37 V 间连续可调；LM337 系列的输出电流与 LM317 的输出电流相同，输出电压在 -1.25～-37 V 间连续可调。

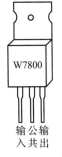

图 3—45　W7800 系列三端
集成稳压器

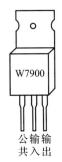

图 3—46　W7900 系列三端
集成稳压器

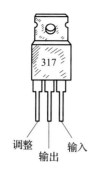

图 3—47　LM317 系列三端
集成稳压器

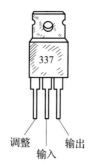

图 3—48　LM337 系列三端
集成稳压器

2. 采用集成稳压器的稳压电路

两种集成稳压器的应用电路如下。

（1）固定电压输出集成稳压电路。固定正、负电压输出集成稳压电路分别如图 3—49 和图 3—50 所示。图中，C_i 为输入滤波电容，C_o 为输出滤波电容。

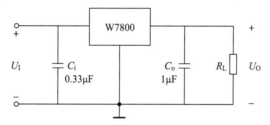

图 3—49　固定正电压输出集成稳压电路

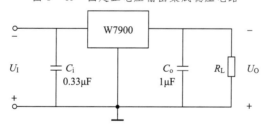

图 3—50　固定负电压输出集成稳压电路

（2）对称电压输出集成稳压电路。对称电压输出集成稳压电路如图 3—51 所示，主要用于需要正、负电源的设备。

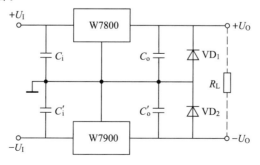

图 3—51　对称电压输出集成稳压电路

第 **❸** 章　电子电路

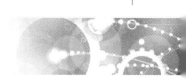

3. 提高输出电压和输出电流的电路

（1）提高输出电压集成稳压电路。提高输出电压的集成稳压电路如图 3—52 所示，主要用于固定输出电压不能满足要求的场合。

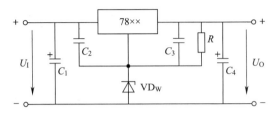

图 3—52　提高输出电压集成稳压电路

（2）扩流集成稳压电路。扩流集成稳压电路如图 3—53 所示，主要用于需要扩大输出电流的情况。

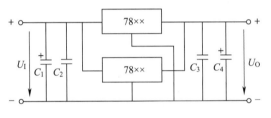

图 3—53　扩流集成稳压电路

第5节

数 字 电 路

与电路所采用的信号形式相对应，将传送、变换、处理模拟信号的电子电路叫作模拟电路，将传送、变换、处理数字信号的电子电路叫作数字电路。如各种放大电路就是典型的模拟电路，数字表、数字钟的定时电路就是典型的数字电路。数字电子技术正以前所未有的速度在各个领域取代模拟电子技术，并迅速渗入人们的日常生活。数字手表、数字相机、数字电视、数字影碟机、数字通信等都应用了数字化技术。

作为数字电子技术的结晶，数字电路在数字通信和电子计算机中扮演着举足轻重的角色。数字通信中的编码器、译码器，计算机中的运算器、控制器、寄存器，都采用了数字电路。即使是像调制解调器这类过去通常用模拟技术实现的器件，如今也越来越多地采用数字技术来实现。由于电子技术的发展，数字电路已实现了集成化，且可分为 TTL 和 CMOS 两种类型，其中 CMOS 数字集成电路具有功耗低、输入阻抗高、工作电压范围宽、抗干扰能力强和温度稳定性好等特点，在数字电路中应用最为广泛。

一、逻辑门电路

1. 与逻辑和与门

当决定某种结果的所有条件都具备时结果才会发生，这种因果关系称为与逻辑。与逻辑可用逻辑代数中的与运算表示，即：

$$F = A \cdot B$$

式中"·"为与运算符号，在逻辑式中也可省略。

如果把结果发生或条件具备用逻辑 1 表示，结果不发生或条件不具备用逻辑 0 表示，与运算的运算规则为：

$$0 \cdot 0 = 0; \ 0 \cdot 1 = 0; \ 1 \cdot 0 = 0; \ 1 \cdot 1 = 1$$

由于运算规则与普通代数的乘法相似，与运算又称逻辑乘。图 3—54 所示为与逻辑的逻辑符号，也是与门的逻辑符号。

2. 或逻辑和或门

当决定某一结果的各个条件中，只要具备一个条件，结果就发生，这种逻辑关系称为或逻辑。或逻辑可用逻辑代数中的或运算表示，即：

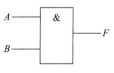

图 3—54　与逻辑符号

$$F = A + B$$

式中"+"为或运算符号。

同样，用1和0表示或逻辑中的结果和条件，则或运算的运算规则为：

$$0+0=0; \quad 0+1=1; \quad 1+0=1; \quad 1+1=1$$

或运算又称为逻辑加。图3—55所示为或逻辑的逻辑符号，也是或门的逻辑符号。

3. 非逻辑和非门

结果和条件处于相反状态的因果关系称为非逻辑。实现非逻辑的电路称为非门电路。非逻辑可用逻辑代数中的非运算表示，其表达式为：

$$F = \overline{A}$$

式中"一"为非运算符号，读作"A非"。非运算规则为：

$$\overline{0} = 1; \quad \overline{1} = 0$$

图3—56所示是非逻辑的逻辑符号，也是非门的逻辑符号。

图3—55 或逻辑符号   图3—56 非逻辑符号

4. 逻辑图

用规定的逻辑符号连接构成的图称为逻辑图，也称为逻辑电路图。逻辑图通常是根据逻辑表达式画出的。如式 $F = \overline{A}\overline{B}C + \overline{A}B\overline{C} + A\overline{B}\overline{C} + ABC$ 所对应的逻辑图如图3—57所示。

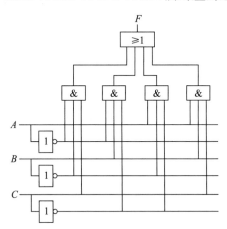

图3—57 逻辑图

5. TTL 与非门电路

图3—58所示为集成TTL与非门电路及其逻辑符号。VT_1 为多发射极晶体管，它和 R_1 构成电路的输入级，实现与逻辑功能。VT_2 和 R_2、R_3 组成中间级，其作用是从 VT_2 的集电极和发射极同时输出两个相位相反的信号，分别驱动 VT_3 和 VT_5 管。VT_3、VT_4、VT_5 和 R_4、R_5 组成输出级，直接驱动负载，以提高电路带负载的能力。

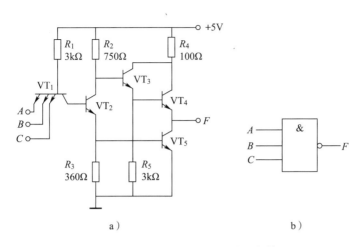

图 3—58　TTL 与非门电路及其逻辑符号

a）TTL 与非门电路　b）逻辑符号

图 3—59 所示是常用的二输入四与非门 74LS00 的管脚排列图，其内部各与非门相互独立，可以单独使用。

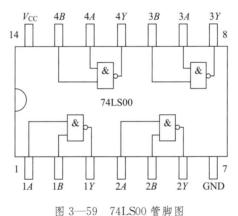

图 3—59　74LS00 管脚图

6. 异或门与同或门

异或逻辑，其表达式为：

$$F = \overline{A}B + A\overline{B} = A \oplus B$$

实现异或逻辑功能的电路，称为异或门电路，用图 3—60 所示的逻辑符号表示。

将异或逻辑取反得 $F = \overline{A \oplus B} = AB + \overline{A}\,\overline{B}$，称作同或逻辑。实现同或逻辑的电路称为同或门电路，其逻辑符号如图 3—61 所示。

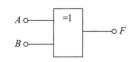

图 3—60　异或门逻辑符号

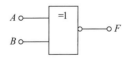

图 3—61　同或门逻辑符号

第❸章　电子电路

图 3—62 所示是集成四异或门 74LS136 的管脚排列图。图 3—63 所示是集成四异或（同或）门 74LS135 的管脚排列图，当 C 为低电平 0 时，Y 与 A、B 间为异或逻辑关系；当 C 为高电平 1 时，Y 与 A、B 间为同或逻辑关系。

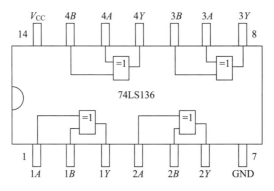

图 3—62　74LS136 管脚排列图

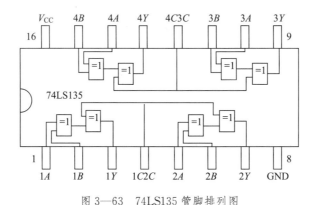

图 3—63　74LS135 管脚排列图

二、组合逻辑电路的分析与设计

1. 组合逻辑电路的分析

组合逻辑电路的分析就是对给定的逻辑电路，通过分析确定其逻辑功能，或者检查电路设计是否合理，验证其逻辑功能是否正确。

组合逻辑电路分析的一般步骤是：

（1）由已知的逻辑图，逐级写出逻辑函数表达式。

（2）化简和变换逻辑函数表达式。

（3）由化简后的逻辑表达式列出真值表。

（4）根据真值表确定电路的逻辑功能。

2. 组合逻辑电路的设计

组合逻辑电路的设计就是根据给定的逻辑要求，画出能够实现逻辑功能的最简单的逻辑电路。设计的步骤如下：

（1）根据给定的逻辑要求列出真值表。

（2）根据真值表写出输出逻辑函数的与或表达式。

（3）化简或变换逻辑表达式。

（4）根据化简后的逻辑表达式画出逻辑电路图。

三、时序逻辑电路

时序逻辑电路与组合逻辑电路不同，它在任何时刻的输出状态，不仅与该时刻输入信号的状态有关，而且还与输入信号作用前的输出状态有关。时序逻辑电路由门电路和具有记忆功能的触发器组成。常用的时序逻辑电路有寄存器、计数器等。

1. 触发器

触发器是由门电路构成的单元电路，它可以接收、存储并输出二进制信息 0 和 1。触发器按其输出端的工作状态可分为双稳态触发器、单稳态触发器和无稳态触发器。双稳态触发器具有两个稳定状态，在触发信号作用下，两个稳定状态可以相互转换，也称翻转。当触发信号消失后，电路将建立的稳定状态保存下来。根据触发器电路结构的不同，可分为基本 R−S 触发器、同步触发器、主从触发器等。

2. 主从 J−K 触发器

主从 J−K 触发器的逻辑电路如图 3—64 所示，它由两个同步 R−S 触发器组成。

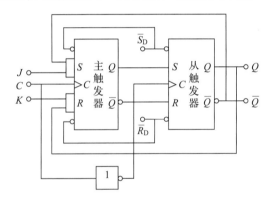

图 3—64　主从 J−K 触发器电路图

J−K 触发器的逻辑状态表见表 3—3。

表 3—3　　　　　　　　　　　　J−K 触发器状态表

J	K	Q^n	Q^{n+1}	功能
0 0	0 0	0 1	$\left.\begin{array}{c}0\\1\end{array}\right\}Q^n$	记忆
0 0	1 1	0 1	$\left.\begin{array}{c}0\\0\end{array}\right\}0$	复0
1 1	0 0	0 1	$\left.\begin{array}{c}1\\1\end{array}\right\}1$	置1
1 1	1 1	0 1	$\left.\begin{array}{c}1\\0\end{array}\right\}\overline{Q^n}$	计数

由状态表可写出 J—K 触发器的特性方程为：

$$Q^{n+1} = J\overline{Q^n} + \overline{K}Q^n$$

前面分析的主从型 J—K 触发器，其输出状态的变化，是在 $CP=0$ 时完成的，这类触发器为低电平触发。如果改变电路结构，将主触发器用低电平触发，从触发器用高电平触发，则触发器输出状态的变化是在 $CP=1$ 时完成的，这类触发器为高电平触发。它们的逻辑符号如图 3—65 所示。

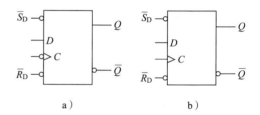

图 3—65　主从型 J—K 触发器的逻辑符号
a）低电平触发　b）高电平触发

3. D 触发器

将 J—K 触发器 J 端通过一个非门与 K 端相连，输入端用 D 表示，就构成了 D 触发器，其电路如图 3—66 所示。

与 J—K 触发器一样，D 触发器也有下降沿翻转和上升沿翻转两类，即低电平触发和高电平触发，其逻辑符号如图 3—67 所示。

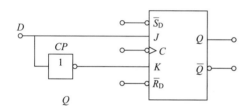

图 3—66　主从型 D 触发器

图 3—67　D 触发器逻辑符号
a）低电平触发　b）高电平触发

当输入端 $D=1$ 时，即 $J=1$，$K=0$，在 CP 脉冲的下降沿 Q 端置 1；当 $D=0$ 时，即 $J=0$，$K=1$，在 CP 脉冲的下降沿 Q 端复 0。其逻辑状态见表 3—4。

表 3—4　　　　　　　　　　　　　　D 触发器状态

D	Q^n	Q^{n+1}
0	0	0
0	1	0
1	0	1
1	1	1

由状态表可写出 D 触发器的特性方程为：

$$Q^{n+1} = D$$

第 **4** 章

电子设备装配的基本技能

任何一个好的设计方案，都是安装、调试后又经多次修改才得到的。焊接、底板走线技巧、元件装拆与安全保险措施等方面的知识，对于电子设备的正常工作，像电子设备的电气特性知识一样重要。本章介绍装配所需要的知识。不论准备装配哪个电子设备，在开始动手之前，都应该先把整个装配工作计划一下，这可以节省大量的时间和工作量。

第 1 节

装 配 工 具

电子设备装配工具多为便携式工具，常用的有试电笔、钢丝钳、电工刀、旋具、钢卷尺、尖嘴钳、剥线钳、锉刀、电烙铁和各种扳手等。

一、试电笔

试电笔常用来测试 500 V 以下导体或各种电子设备是否带电，是一种辅助安全工具。其外形有旋具式和笔式两种，由氖管、电阻、弹簧和笔身等部分组成。试电笔的结构如图 4—1 所示。低压试电笔型号及主要规格见表 4—1。

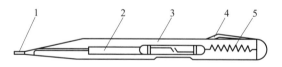

图 4—1　试电笔的结构

1—笔尖金属体　2—电阻　3—氖管　4—笔尾金属体　5—弹簧

当用试电笔检测电子设备是否带电时，将笔尖触及所检测的部位，手指触及笔尾的金属体，若带电，氖管就会发出红光。

表 4—1　　　　　　　　　　低压试电笔型号及主要规格

型号	品名	测量电压的范围/V	总长/mm	电阻		
				长度/mm	阻值/MΩ	功率/W
108	测电旋具	100～500	140±3	10±1	≥2	1
111	笔型测电旋具		125±3	15±1		0.5
505	测电笔		116±3	15±1		
301	测电器（矿用）	100～2 000	170±1	10±1		1

二、钢丝钳

1. 钢丝钳的结构

钢丝钳的结构如图 4—2 所示。

2. 钢丝钳的用途

钳口可用来钳夹和弯绞导线，如图 4—3a 所示；齿口可代替扳手来拧小型螺母，如图 4—3b 所示；刃口可用来剪切导线、掀拔铁钉，如图 4—3c 所示；铡口可用来铡切钢丝等硬金属丝，如图 4—3d 所示。钳柄上套有

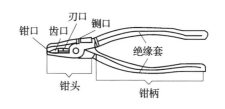

图 4—2　钢丝钳的结构

耐压为 500 V 及以上的绝缘套。其规格用钢丝钳全长的毫米数表示，常用的有150 mm、175 mm、200 mm 等几种。

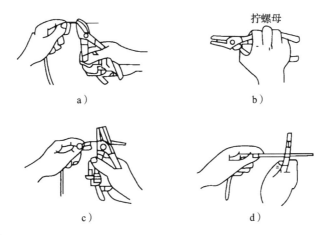

图 4—3　钢丝钳的用途

3. 使用钢丝钳时应注意的事项

（1）使用前，必须检查钳柄的绝缘套，确定绝缘状况良好。不得带电操作，以免发生触电事故。

（2）用钢丝钳剪切带电导线时，必须单根进行，不得用刃口同时剪切相线和零线或者两根相线，以免造成短路事故。

（3）使用钢丝钳时要使刃口朝向内侧，便于控制剪切部位。

（4）不能用钳头代替锤子作为敲打工具，以免变形。钳头的轴销应经常加机油润滑，保

证其开闭灵活。

4. 钢丝钳的基本尺寸

钢丝钳的基本尺寸应符合表4—2的规定。

表4—2　　　　　　　　　　　　　　钢丝钳的基本尺寸

全长/mm	钳口长/mm	钳头宽/mm	嘴顶宽/mm	嘴顶厚/mm
160±8	28±4	25	6.3	12
180±9	32±4	28	7.1	13
200±10	36±4	32	8.0	14

三、电工刀

电工刀是用来剖削导线绝缘层、切割绳索等的常用工具，如图4—4所示。

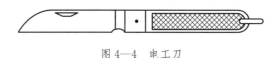

图4—4　电工刀

电工刀的刀口磨制成单面呈圆弧状的刃口，刀刃部分锋利一些。在剥削导线绝缘层时，可把刀略微向内倾斜，用刀刃的圆角抵住芯线，刀口向外推出，这样不易削伤芯线，又可防止操作者受伤。切忌把刀刃垂直对着导线切割。严禁在带电体上使用没有绝缘柄的电工刀进行操作。

电工刀的规格尺寸及偏差应符合表4—3的规定。

表4—3　　　　　　　　　　　　电工刀的规格尺寸及偏差　　　　　　　　　　　　　mm

名称	大号		中号		小号	
	尺寸	允差	尺寸	允差	尺寸	允差
刀柄长度	115	±1	105	±1	95	±1
刃部厚度	0.7	±0.1	0.7	±0.1	0.6	±0.1
锯片齿距	2	±0.1	2	±0.1	2	±0.1

四、螺钉旋具

螺钉旋具俗称螺丝刀、起子、改锥等，如图4—5所示。螺钉旋具是用来旋紧或拧松头部带一字槽（平口）和十字槽的螺钉的一种手用工具。电工应使用木柄或塑料柄的螺钉旋具，不可使用金属杆直通柄顶的螺钉旋具，以防触电。为了避免金属杆触及人体或触及邻近带电体，宜在金属杆上穿套绝缘管。

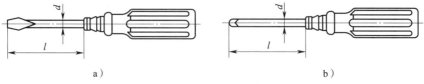

a）　　　　　　　　　　　　　　　　　　b）

图4—5　螺钉旋具

a）一字槽（平口）螺钉旋具　b）十字槽螺钉旋具

螺钉旋具木质旋柄的材料一般为硬杂木，其含水率不大于 16%；塑料旋柄的材料应有足够的强度。旋杆的端面应与旋杆的轴线垂直。旋柄与旋杆应装配牢固。木质旋柄不应有虫蛀、腐朽、裂纹等；塑料旋柄不应有裂纹、缩孔、气泡等。一字槽螺钉旋具基本尺寸应符合表4—4的规定。十字槽螺钉旋具基本尺寸应符合表4—5的规定。

表4—4　　　　　　　　　　　　　　　　一字槽螺钉旋具的规格　　　　　　　　　　　　　　mm

公称尺寸	全长		用途及说明
（杆身长度×杆身直径）	塑柄	木柄	工作部分（宽度×厚度）
50×3	100		3×0.4
75×3	125		
75×4	140		4×0.55
100×4	165		
50×5	120	135	5×0.65
75×5	145	160	
100×6	190	210	6×0.8
100×7	200	220	7×1.0
150×7	250	270	
150×8	260	285	8×1.1
200×8	310	335	
250×8	360	385	
250×9	370	400	9×1.4
300×9	420	450	
350×9	470	500	

表4—5　　　　　　　　　　　　　　　　十字槽螺钉旋具的规格　　　　　　　　　　　　　　mm

名称	槽号及公称尺寸	全长		用途及说明
	（杆身长度×杆身直径）	塑柄	木柄	
十字形（SS形）	1号 50×4	115	135	用于直径为2～2.5 mm的螺钉
	75×4	140	160	
	100×4	165	185	
	150×4	215	235	
	200×4	265	285	
	2号 75×5	145	160	用于直径为3～5 mm的螺钉
	100×5	170	180	
	250×5	320	335	
	125×6	215	235	
	150×6	240	260	
	200×6	290	310	
	3号 100×8	210	235	用于直径为6～8 mm的螺钉
	150×8	260	285	
	200×8	310	335	
	250×8	360	385	
	4号 250×9	370	400	用于直径为10～12 mm的螺钉
	300×9	420	450	
	350×9	470	500	
	400×9	520	550	

第 4 章　电子设备装配的基本技能

五、尖嘴钳

尖嘴钳的头部尖细而长，适用于在狭小的工作空间操作，可以用来弯扭和钳断直径为1 mm以内的导线（如将其弯制成所要求的形状），并可夹持、安装较小的螺钉、垫圈等。尖嘴钳有铁柄和绝缘柄两种，电工多选用带绝缘柄的尖嘴钳，耐压500 V，其外形如图4—6所示。

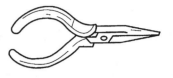

图4—6　尖嘴钳

尖嘴钳的基本尺寸应符合表4—6的规定。

表4—6　　　　　　　　　　　　　　**尖嘴钳的基本尺寸**　　　　　　　　　　mm

全长	钳口长	钳头宽（最大）	嘴顶宽（最大）	腮厚（最大）	嘴顶厚（最大）
125±6	32±2.5	15	2.5	8.0	2.0
140±7	40±3.2	16	2.5	8.0	2.0
160±8	50±4.0	18	3.2	9.0	2.5
180±9	63±5.0	20	4.0	10.0	3.2
200±10	80±6.3	22	5.0	11.0	4.0

六、斜口钳

斜口钳的头部"扁斜"，因此又称作扁嘴钳，其外形如图4—7所示。斜口钳专供剪断较粗的金属丝、线材、导线及电缆等，适合在工作位置狭窄和有斜度的空间操作。常用的为耐压500 V的带绝缘柄的斜口钳。

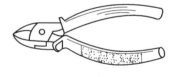

图4—7　斜口钳

斜口钳的基本尺寸应符合表4—7的规定。

表4—7　　　　　　　　　　　　　　**斜口钳的基本尺寸**　　　　　　　　　　mm

全长	钳口长	钳头宽（最大）	嘴顶厚（最大）
125±6	18	22	10
140±7	20	25	11
160±8	22	28	12
180±9	25	32	14
200±10	28	36	16

七、剥线钳

剥线钳是用来剥落小直径导线绝缘层的专用工具，其外形如图4—8所示。剥线钳的钳口部分设有几个不同尺寸的刃口，以剥落 0.5～3 mm 直径导线的绝缘层。其柄部是绝缘的，耐压为 500 V。

使用剥线钳时，将待剥导线的线端放入合适的刃口中，然后用力握紧钳柄，导线的绝缘层即被剥落并自动弹出（见图 4—8）。在使用剥线钳时，选择的刃口直径必须大于导线线芯直径，不允许用小刃口剥大直径的导线，以免切伤线芯；不允许将剥线钳当钢丝钳使用，以免损坏刃口。带电操作时，要先检查柄部绝缘是否良好，以防触电。

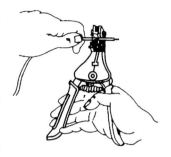

图 4—8 剥线钳

八、活扳手

活扳手是用于紧固和松动六角或方头螺栓、螺钉、螺母的一种专用工具，其构造如图 4—9a 所示。活扳手的特点是开口尺寸可以在一定范围内任意调节，因此特别适宜在螺栓规格多的场合使用。活扳手的规格以长度×最大开口宽度（mm）表示，常用的有 150×19（6 in）、200×24（8 in）、250×30（10 in）、300×36（12 in）等几种。活扳手的基本尺寸应符合表 4—8 的规定。

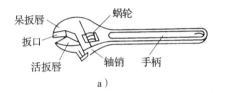
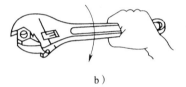

a）　　　　　　　　　　　　　b）

图 4—9　活扳手的构造及应用
a）构造　b）应用

表 4—8　　　　　　　　　　　　活扳手的基本尺寸

长度/mm	100	150	200	250	300	375	450	600
最大开口宽度/mm	14	19	24	30	36	46	55	65
相当普通螺栓规格	M8	M12	M16	M20	M24	M30	M36	M42
试验负荷/N	410	690	1 050	1 500	1 900	2 830	3 500	3 900

使用时，将扳口放在螺母上，调节蜗轮，使扳口将螺母轻轻咬住，按图 4—9b 所示方向施力（不可反向施力，以免损坏扳唇）。扳动较大螺母，需较大力矩时，应握在手柄端部或选择较大规格的活扳手；扳动较小螺母，需较小力矩时，为防止螺母损坏而"打滑"，应握在手柄的根部或选择较小规格的活扳手。

九、电烙铁

电烙铁是锡焊的主要工具。锡焊即通过电烙铁，利用受热熔化的焊锡，对铜、铜合金、钢和镀锌薄钢板等材料进行焊接。电烙铁主要由手柄、电热元件、烙铁头等组成。根据烙铁头的加热方式不同，可分为内热式和外热式两种，其中内热式电烙铁的热利用率高。电烙铁的规格是以消耗的电功率来表示的，通常在 20～300 W。仪器装配中，一般选用 50 W 以下的电烙铁，其结构如图 4—10 所示。

第 **4** 章 电子设备装配的基本技能

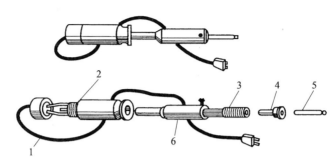

图 4—10　电烙铁的结构

1—电源线　2—木柄　3—加热器　4—传热筒　5—烙铁头　6—外壳

电烙铁的基本类型与规格应符合表 4—9 的规定。

锡焊所用的材料是焊锡和助焊剂。焊锡是由锡、铅和锑等元素组成的低熔点合金。助焊剂具有清除污物和抑制焊接表面氧化的作用，是锡焊过程中不可缺少的辅助材料。电机修理中常用的助焊剂是固体松香或松香酒精液体。松香酒精液体的配方是：松香粉 25％、酒精 75％，混合后搅匀。

表 4—9　　　　　　　　　　　　电烙铁的基本类型与规格

类型	规格/W	加热方式
内热式	20、35、50、70 100、150、200、300	电热元件插入铜头空腔内加热
外热式	30、50、75、100 150、200、300、500	铜头插入电热元件内腔加热
快热式	60、100	由变压器感应出低电压大电流进行加热

使用电烙铁前，对于紫铜烙铁头，先除去烙铁头的氧化层，然后用锉刀锉成 45° 的尖角。通电加热，当烙铁头变成紫色时，马上沾上一层松香，再在焊锡上轻轻擦动，这时烙铁头就会沾上一层焊锡，这样就可以进行焊接了。对于已经烧死或沾不上焊锡的烙铁头，要细心地锉掉氧化层，然后再沾上一层焊锡。

锡焊时应注意：烙铁头的温度过高，容易烧死烙铁头或加快氧化，如出现这种情况应断开电源进行冷却；烙铁头温度过低，会产生虚焊或者无法熔化焊锡，如出现这种情况应待升温后再焊。

第 2 节

元器件的装配技能

一、元器件的识别与测试

装配之前，一定要对元器件进行测试，确保其参数性能、技术指标满足设计要求；要准确识别各元器件的管脚，以免出错造成人为故障甚至损坏元器件。

1. 二极管、稳压管引脚识别

如果不知道二极管的极性（正、负极），可用万用表（$R \times 100$ 或 $R \times 1$ k 挡）测量二极管正、反向电阻判断。当阻值小时，即为二极管的正向电阻，和黑表笔相接的一端即为正极，另一端为负极。当阻值大时，即为二极管的反向电阻，和黑表笔相接的一端即为负极，而另一端为正极。

当使用万用表 $R \times 1$ k 挡以下测量稳压二极管时，由于表内电池为 1.5 V，这个电压不足以使稳压二极管击穿，所以测量稳压管正、反向电阻时，其阻值应和普通二极管一样。

2. 晶体三极管引脚识别

（1）小功率三极管引脚识别。对于小功率三极管来说，有金属外壳封装和塑料外壳封装两种。

如图 4—11a 所示，金属外壳封装的小功率三极管，如果管壳上带有定位销，那么将管底朝上，从定位销起，按顺时针方向，三只管脚依次为 e、b、c；如果管壳上无定位销，且三只引脚在半圆内，将有三只引脚的半圆置于上方，按顺时针方向，三只引脚依次为 e、b、c。

塑料外壳封装的小功率三极管，面对平面，三只引脚置于下方，从左到右，三只引脚依次为 e、b、c，如图 4—11b 所示。

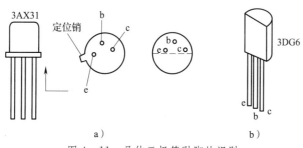

图 4—11 晶体三极管引脚的识别
a）金属外壳封装 b）塑料外壳封装

第 ❹ 章 电子设备装配的基本技能

（2）大功率三极管引脚识别。对于大功率三极管，外形一般分为 F 型和 G 型两种，如图 4—12 所示。F 型管从外形上只能看到两只引脚。将管底朝上，两只引脚置于左侧，则上为 e，下为 b，底座为 c。G 型管的三只引脚一般在管壳的顶部，将管底朝下，三只管脚中间的管脚置于左方，从最下一只引脚起，顺时针方向依次为 e、b、c。

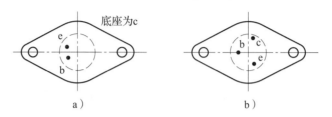

图 4—12　F 型管和 G 型管引脚识别

a）F 型大功率管　b）G 型大功率管

三极管的管脚必须正确确认，否则，接入电路不但不能正常工作，还可能烧坏管子。

3. 场效应管的识别

（1）结型场效应管和 MOS 管的区别

1）从包装上区分。由于 MOS 管的栅极易被击穿损坏，因此在包装上比较讲究，管脚之间都是短路的，或者用铝箔包裹着；而结型场效应管在包装上无特殊要求。

2）用万用表测量。用指针式万用表"$R \times 1$ k"或"$R \times 100$"挡测量 G、S 引脚间的电阻，阻值很大近乎不通的，为 MOS 管；若为 PN 结的正、反向电阻值，则为结型场效应管。

（2）场效应管引脚识别。对于结型场效应管，任选两脚测得正、反向电阻均相同时（一般为几十千欧），该两脚分别为 D、S，剩下的一个是 G 极。

对于四脚结型场效应管，一个与其他三脚都不通的引脚为屏蔽极，在使用中屏蔽极应接地。

由于 MOS 管测量时容易造成损坏，最好查明型号，根据手册辨别引脚。

4. 集成电路引脚识别

双列直插式集成电路引脚图一般是顶视图。集成电路上有缺口或小孔标记，它是用来表示管脚 1 位置的，如图 4—13 所示。国产器件和国外器件识别引脚的方法相同。

图 4—13　TTL 电路管脚识别图

5. 电容器的测试

电容器的容量一般标在电容器上面，通常不需要测量具体数值。使用前先检查是否引线开路或内部短路，可用万用表的电阻挡测。检查电解电容时，因为容量大，可将万用表置于"$R \times 1$ k"挡。当表笔在电容两端测量时，万用表指针很快摆到小电阻值位置，然后又从小电阻值位置逐渐摆动到大电阻值，并达到"∞"位置，表明有容量且漏电小；若退不到

"∞"位置，说明电容漏电；表针根本不动，说明电容开路。检查 1 μF 以下的小电容时，可用万用表"$R×10$ k"挡，表针略有摆动，表示有容量；如果指针位置不动，说明电容开路或漏电。测量时不要把人体电阻并入被测元件。

使用电容时，还要注意电容的容量、耐压是否满足设计要求。如果是电解电容器（包括钽电容和铝电解电容器），通常是有极性的，在电容外壳上标有正（＋）极性或负（－）极性，加在电容器两端的电压不能反向。若反向电压作用在电容上，原来在正极金属箔上的氧化物（介质）会被电解，并在负极金属箔上形成氧化物，而且在这个过程中出现很大的电流，使得电解液中产生气体并聚集在电容器内，轻者导致电容器损坏，重者会引起爆炸。

6. 电阻及电位器的测试

电阻的功率、阻值、精度应满足设计要求，而且要逐一经过测试。测量电阻时，注意不要把人体电阻并入测量，特别是阻值超过 1 MΩ 时，测量不当将会造成较大的误差。

电位器是一个可变电阻。它是由电阻材料制成的电阻轨道和电刷组成，电刷与轨道接触并沿电阻轨道滑动来改变电阻值，只有在它们保持良好接触的情况下，电位器才能很好地发挥作用。电位器比固定电阻故障多，常见的故障是电刷与轨道之间有灰尘或者磨损下来的颗粒使电刷和轨道之间电阻加大，导致使用中旋转噪声增加，或电路时通时断等。因此在使用电位器前，首先要找到固定端和滑动头。用万用表电阻挡判断时，若旋转电位器旋钮，所测得电阻不变，则这两个就是固定端，另一个为滑动端。另外还要检查电位器是否接触良好，随着电位器旋转位置的改变，动端和定端之间的阻值应平稳变化，如果发现空跳或时通时断的现象，说明电位器有故障，应修理或更换。

二、元器件的装配

1. 装配方式

元器件的规格多种多样，引脚长短不一，装配时应根据需要和允许的安装高度，将所有元器件的引脚适当剪短、剪齐，如图 4—14 所示。

元器件在电路板上的装配方式主要有立式和卧式两种。立式装配如图 4—15 所示，元器件直立于电路板上，应注意将元器件的标志朝向便于观察的方向，以便校核电路和日后维修。元器件立式装配占用电路板平面面积较小，有利于缩小整机电路板面积。卧式装配如图 4—16 所示，元器件横卧于电路板上，同样应注意将元器件的标志朝向便于观察的方向。元器件卧式装配时可降低电路板上的装配高度，在电路板上部空间距离较小时很适用。根据整机的具体空间情况，有时一块电路板上的元器件往往混合采用立式装配和卧式装配方式。

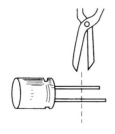

图 4—14　引脚适当剪短

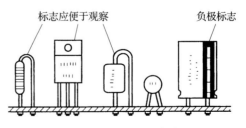

图 4—15　元器件立式装配

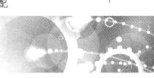

为了方便地将元器件插到印制电路板上，提高插件效率，应预先将元器件的引线加工成一定的形状，有些元器件的引脚在安装焊接到电路板上时需要折转方向或弯曲。但应注意，所有元器件的引脚都不能齐根部折弯，以防引脚齐根折断，如图 4—17 所示。塑封半导体器件如齐根折弯其引脚，还可能损坏管芯。元器件引脚需要改变方向或间距时，应采用图 4—18 所示正确的方法来折弯。图 4—18a、b、c 为卧式装配的弯折成型，d、e、f 为立式装配的弯折成型。成型时引线弯折处要离根部 2 mm 以上，弯曲半径不小于引线直径的两倍，以减小应力，防止引线折断或被拔出。按图 4—18a、f 成型后的元件可直接贴装到印制板上；图 4—18b、d 主要用于双面印制电路板或发热器件的成型，元件装配时与印制电路板保持 2～5 mm 的距离；图 4—18c、e 有绕环使引线较长，多用于焊接时怕热的元器件或易破损的玻璃壳体二极管。凡有标记的元器件，引线成型后其标称值应处于查看方便的位置。

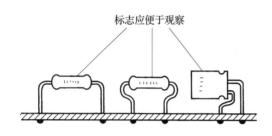

图 4—16　元器件卧式装配

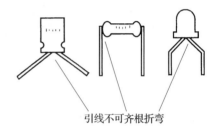

图 4—17　引线不能齐根折弯装配

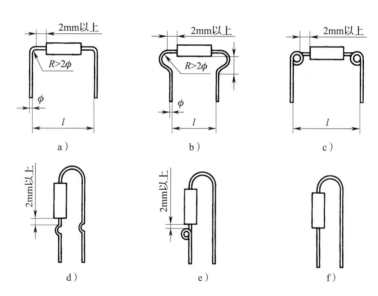

图 4—18　元器件管脚正确的折弯方法

折弯所用的工具有自动折弯机、手动折弯机、手动绕环器和圆嘴钳等。使用圆嘴钳折弯时应注意勿用力过猛，以免损坏元器件。

对于一些较简单的电路，也可以将元器件直接搭焊在电路板的铜箔面上，如图 4—19 所示。采用元器件搭焊方式可以免除在电路板上钻孔，简化了装配工艺。对于金属大功率管、变压器等自身较重的元器件，仅仅直接依靠引脚的焊接已不足以支撑元器件自重，应用螺钉固定在电路板上（见图 4—20），然后再将其管脚焊入电路板。

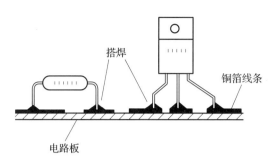

图 4—19　元器件直接搭焊

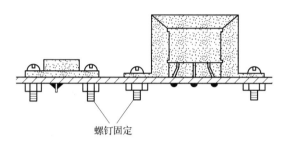

图 4—20　大元器件用螺钉固定装配

2. CMOS 电路空闲引脚的处理

由于 CMOS 电路具有极高的输入阻抗，极易感应干扰电压而造成逻辑混乱，甚至损坏。因此，对于 CMOS 数字电路空闲的管脚不能不管，应根据 CMOS 数字电路的种类、引脚的功能和电路的逻辑要求，分不同情况进行处理。

（1）对于多余的输出端，一般将其悬空即可，如图 4—21 所示。

（2）CMOS 数字电路往往在一个集成块中包含有若干个互相独立的门电路或触发器。对于一个集成块中多余不用的门电路或触发器，应将其所有输入端接到系统的正电源 V_{DD}（见图 4—22），也可以将一个集成块中多余不用的门电路或触发器的所有输入端接地（见图 4—23）。

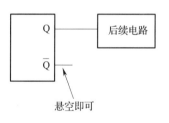

图 4—21　输出端悬空

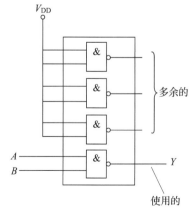

图 4—22　多余输入端接电源

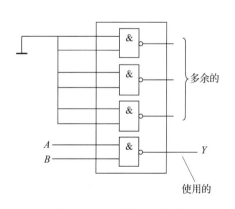

图 4—23　多余输入端接地

第 **4** 章　电子设备装配的基本技能

（3）门电路往往具有多个输入端，而这些输入端不一定全都用上。对于与门、与非门多余的输入端，应将其接正电源 V_{DD}（见图4—24），以保证其逻辑功能正常。

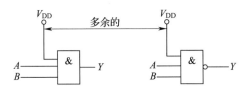

4—24　与门、与非门多余输入端接正电源

（4）对于或门、或非门多余的输入端，应将其接地（见图4—25），以保证其逻辑功能正常。

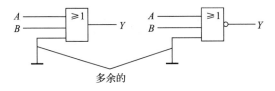

图4—25　或门、或非门多余输入端接地

（5）对于与门、与非门、或门、或非门多余的输入端，还可将其与使用中的输入端并接在一起（见图4—26），也能保证其正常的逻辑功能。

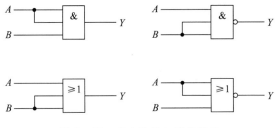

图4—26　多余的输入端的接法

（6）对于触发器、计数器、译码器、寄存器等不用的输入端，应根据电路逻辑功能的要求，将其接系统的正电源 V_{DD} 或接地。例如，对于不用的清零端 R（"1"电平清零）或置位端 S（"1"电平置位），应将其接地，如图4—27a所示；而对于不用的清零端 $\bar{R}$（"0"电平清零）或置位端 $\bar{S}$（"0"电平置位），则应将其接正电源 V_{DD}，如图4—27b所示。

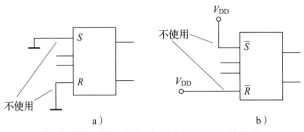

图4—27　根据逻辑功能连接不用的输入端

a）接地　b）接正电源 V_{DD}

第 3 节

导线线端加工与捆扎

一、导线线端加工工艺

导线直径应和插接板的插孔直径相一致，过粗会损坏插孔，过细则与插孔接触不良。

为检查电路的方便，要根据不同用途，选用不同颜色的导线。一般习惯是正电源用红线，负电源用蓝线，地线用黑线，信号线用其他颜色的线。

连接用的导线要求紧贴在插接板上，避免接触不良。连接线不允许跨在集成电路上，一般应从集成电路周围通过，尽量做到横平竖直，这样便于查线和更换器件，但高频电路部分的连线应尽量短。

装配仪器时应注意，电路之间要共地。正确的装配方法和合理的布局，不仅使仪器设备内部电路整齐美观，而且能提高仪器设备工作的可靠性，便于检查和排除故障。

绝缘导线的加工主要可分为剪裁、剥头、捻头（多股线）、浸锡、清洁几个步骤。

1. 剪裁

在装配仪器时，导线应按先长后短的顺序，用剪刀、斜口钳、自动剪线机或半自动剪线机进行剪切。如果是绝缘导线，应防止绝缘层损坏，影响绝缘性能。手工裁剪导线时要拉直再剪。自动手工裁剪导线时可用调直机拉直。剪裁导线时要按工艺文件中导线加工表的规定进行，根据导线长度按表 4—10 选择公差。

表 4—10			导线长度和公差			mm
导线长度	50	50～100	100～200	200～500	500～1 000	1 000 以上
公差	+3	+5	+5～+10	+10～+15	+15～+20	+30

2. 剥头

剥头为绝缘导线的两端去掉一段绝缘层而露出芯线的过程。导线剥头可采用刀剪法和热剪法。刀剪法操作简单，但有可能损伤芯线；热剪法操作虽不伤芯线，但绝缘材料会产生有害气体。使用剥线钳剥头时，应选择与芯线粗细相配的钳口，对准所需要的剥头距离。剥头时钳口不能过大，以免漏剪；也不能过小，以免损伤芯线。剥头长度应符合导线加工表要求，无特殊要求时可按表 4—11 选择剥头长度。

表 4—11 　　　　　　　　　　剥头长度的选择

芯线截面积/mm²	1 以下	1.1～2.5
剥头长度/mm	8～10	10～14

3. 捻头

对于多股线剥去绝缘层后，芯线可能松散，应捻紧，以便浸锡与焊接。捻线时的螺旋角度为 30°～45°，如图 4—28 所示。手工捻线时用力不要过大，否则易捻断细线。如果批量大，可采用专用捻线机。

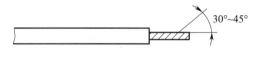

图 4—28　多股芯线的捻线角度

4. 浸锡

浸锡是为了使导线及元器件在整机安装时容易焊接，是防止产生虚焊、假焊的有效措施。

（1）芯线浸锡。绝缘导线经过剥头、捻头后，应进行浸锡。浸锡前应先浸助焊剂，然后再浸锡。浸锡时间一般为 1～3 s，且只能浸到距绝缘层线 1～2 mm 处，以防止导线绝缘层因过热而收缩或者破裂。浸锡后要立刻浸入酒精中散热，最后再按工艺图要求进行检验、修整。

（2）裸导线浸锡。裸导线在浸锡前应先用刀具、砂纸或专用设备等刮除浸锡端面的氧化层，再蘸上助焊剂后进行浸锡。若使用镀银导线，就不需要进行浸锡；但如果银层已氧化，则仍需清除氧化层及浸锡。

（3）元器件引线及焊片的浸锡。元器件的引线在浸锡前必须先进行整形，即用刀具在离元器件根部 2～5 mm 处开始去除氧化层，如图 4—29a、b 所示。浸锡应在去除氧化层后的数小时内完成。焊片浸锡前首先应清除氧化层。无孔焊片浸锡的长度应根据焊点的大小或工艺来确定；有孔焊片浸锡应没过小孔 2～5 mm，浸锡后不能将小孔堵塞，如图 4—29c 所示。浸锡时间还要根据焊片或引线的粗细酌情掌握，一般为 2～5 s。时间过短，焊片或引线未能充分预热，易造成浸锡不良；时间太长，大部分热量传到器件内部，易造成器件变质、损坏。元器件引线、焊片浸锡后应立刻浸入酒精中进行散热。

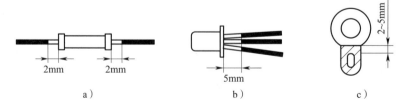

a）　　　　　　　　　　b）　　　　　　　　　　c）

图 4—29　元器件浸锡示意图

经过浸锡的焊片、引线等，其浸锡层要牢固、均匀、表面光滑，无孔状，无锡瘤。

5. 清洁

绝缘导线通过浸锡后，一般还残留了部分助焊剂，需用液相进行清洗，以提高焊接的可靠性。

二、线扎加工

1. 线把扎制

由于电子设备整机线路有的很复杂，电路连接所用的导线较多，如果不进行整理，则显得十分混乱，既不美观，也不便于查找。为此，在电子设备整机装配工作中，常用线绳或线扎搭扣等把导线扎制成各种不同形状的线扎（或称线把、线束）。通常线扎图采用1：1的比例绘制，以便在图样上直接排线。线扎拐弯处的半径应比线束直径大两倍以上。导线的长短应合适，排列要整齐美观。线扎分支线到焊点应有10～30 mm的长度余量，不要拉得过紧，以免在焊接、振动时将焊片或导线拉断。导线走线要尽量短，并注意避开电场的影响。输入、输出的导线尽量不排在一个线扎内，以防止引起自激；如果必须排在一起，则应使用屏蔽导线。射频电缆不排在线扎内。电子管两根灯丝线应拧成绳状之后再排线，以减少交流噪声干扰。靠近高温热源的线束容易影响电路正常工作，应有隔热措施，如加石棉板、石棉绳等隔热材料。

在排列线扎的导线时，应按工艺文件中导线加工表的排列顺序进行。导线较多时，排线不易平稳，可先用废铜线或其他废金属线临时绑扎在线束主要点位置上，然后再用线绳从主干线束绑扎起，继而绑分支线束，并随时拆除临时绑线。导线较少的小线扎，亦可按图样从一端随排随绑，不必排完导线再绑扎。绑线在线束上要松紧适当，过紧易破坏导线绝缘，过松线束不挺直。

每两线扣之间的距离可以这样掌握：线束直径在10 mm以下的为15～22 mm，线束直径在10～30 mm的为20～40 mm，线束直径在30 mm以上的为40～60mm。绑线扣应放在线束下面。

绑扎线束的材料有棉线、亚麻线、尼龙线、尼龙丝等。棉线、亚麻线、尼龙线可在温度不高的石蜡或地蜡中浸一下，以增强线的涩性，使线扣不易松脱。

2. 绑扎线束的方法

（1）线绳绑扎。图4—30a所示是起始线扣的结法，先绕一圈拉紧，再绕第二圈，第二圈与第一圈靠紧。图4—30b、c所示是中间线扣的结法，其中，图b所示为绕两圈后结扣，图c所示是绕一圈后结扣。终端线扣如图4—30d所示，先绕一个像图b那样的中间线扣，再绕一圈固定扣。起始线扣与终端线扣绑扎完毕应涂上清漆，以防止松脱。

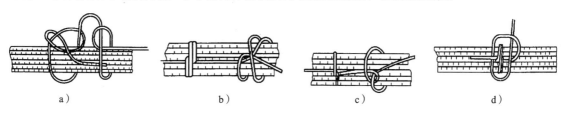

a)　　　　　　　　b)　　　　　　　　c)　　　　　　　　d)

图4—30　线束线扣绑扎示意图

第**4**章　电子设备装配的基本技能

线束较粗、带分支线线束的绑扎方法如图4—31所示。在分支拐弯处应多绕几圈线绳，以便加固。

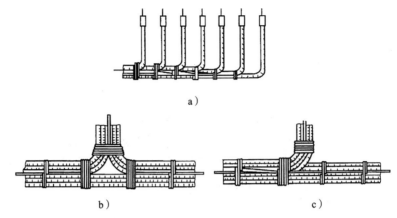

图4—31　线束较粗、带分支线线束的绑扎方法

（2）黏合剂结扎。导线较少时，可用黏合剂（四氯化呋喃）黏合成线束，如图4—32所示。黏合完不要马上移动线束，要经过2～3 min待黏合剂凝固后再移动。

（3）线扎搭扣绑扎。线扎搭扣有许多式样，如图4—33所示。用线扎搭扣绑扎导线时，可用专用工具拉紧，但不要拉得过紧，过紧会破坏搭扣锁。在适当拉紧后剪去多余长度即完成了一个线扣的绑扎，如图4—34所示。

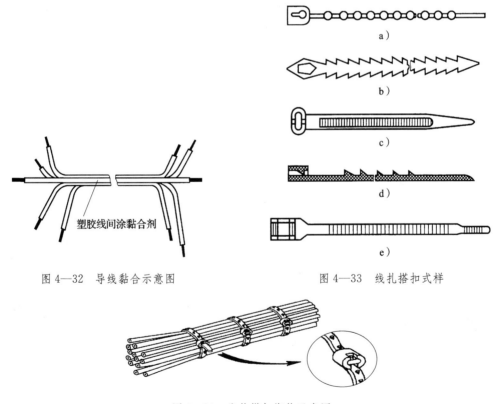

图4—32　导线黏合示意图　　　　　　　图4—33　线扎搭扣式样

图4—34　线扎搭扣绑扎示意图

第4节

电子设备的装配技能

电子设备的整机装配，是严格按照设计要求，将相关的电子元器件、零部件、整件装接到规定的位置上，并组成具有一定功能的电子设备的过程。它又分为电气装配和机械装配两部分。电气装配是从电气性能要求出发，根据元器件和部件的布局，通过引线将它们连接起来；机械装配则是根据产品设计的技术要求，将零部件按位置精度、表面配合精度和运动精度装配起来。以下主要介绍电气装配。

电子设备装配的工艺流程就是依据设计文件，按照工艺文件的工艺规程和具体要求，把元器件和零部件装配在印制电路板、机壳、面板等指定位置上，构成完整电子设备的生产过程。它一般可分为装配准备、部件装配和整件装配三个阶段。根据产品复杂程度、技术要求、员工技能等情况的不同，整机装配的工艺也有所不同。电子设备整机装配的工艺流程如图4—35所示。

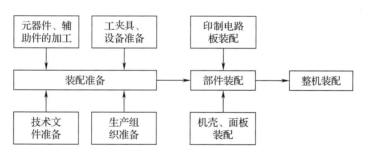

图4—35　电子设备整机装配工艺流程

电子设备整机装配的主要内容包括电子设备单元的划分，元器件的布局，元器件、线扎、零部件的加工处理，各种元器件的安装、焊接，零部件、组合件的装配及整机总装。在装配过程中，根据装配单元的尺寸大小、复杂程度和特点的不同，可将电子设备的装配分成不同的等级，组装级别分为以下几种：

（1）元件级组装。是最低的组装级别，通常指电路元器件和集成电路的组装，其特点是结构不可分割。

（2）插件级组装。用于组装和互连第一级元器件，如装有元器件的印制电路板或插件等。

（3）底板级或插箱级组装。用于安装和互连第二级组装的插件或印制电路板部件。

（4）系统级组装。主要通过电缆及连接器互连前两级的组装件，并以电源馈线构成独立的具有一定功能的仪器或设备。对于系统级组装，设备可能不在同一地点，须用传输线或其他方式连接。

装配环节是整机装配的主要生产工艺，它的好坏直接决定产品的质量和工作效率，是整机装配非常重要的组成部分。

一、装配前的准备工作

1. 元器件的分类和筛选

（1）元器件的分类。在电子设备整机装配的准备工序中，按技术文件对元器件和材料进行分类，是产品质量管理体系的一个重要环节，它可避免元器件的安装错误，还可保证总装流水线的顺利运转，提高整机装配的速度。

（2）元器件的筛选。为了提高整机产品的质量和可靠性，在整机装配前，对于购买回来的各类元器件，要进行认真检验和精心筛选，剔除不合格的元器件。

元器件的筛选是多方面的，包括对筛选操作人员的操作技能以及业务水平的考核、对元器件供货单位的考查、对元器件外观检验和用仪器仪表对元器件电气性能的检验等，对有特殊要求的元器件还要进行老化筛选。

一般情况下的筛选，主要是查对元器件的型号、规格及检查外观，如表面有无损伤、变形，几何尺寸是否符合要求，型号、规格是否与装配图要求相符等。

2. 元器件引线成型

在电子设备整机装配时，为了满足安装尺寸与印制电路板的配合，提高整机装配质量和生产效率，特别是在自动焊接时防止元器件脱落、虚焊，使元器件排列整齐、美观，元器件引线成型是不可缺少的工艺流程。

3. 零部件的加工

对需要加工的零部件，应根据图样的要求进行加工处理。待焊接的零部件引脚，需去氧化层、镀锡、清洗助焊剂。

4. 导线与电缆的加工

导线是整机装配中电路之间、分机之间进行电气连接与相互间传递信号必不可少的线材，在装配前必须对所使用的线材进行加工。

导线与电缆的加工，需按接线表给出的规格、材料下线，根据工艺要求进行剥线、捻头、上锡、清洗，以备装配时使用。

电子设备中电路连接所用的导线既多又复杂，如果不加任何整理，就会显得十分混乱，势必影响整机的空间美观，并给检测、维修带来麻烦。为了解决这个问题，常常用线绳或线扎搭扣等把导线扎制成各种不同形状的线扎。

5. 印制电路板的焊接

印制电路板的焊接应遵守焊接的技术要求，并根据不同电子产品的工艺文件要求进行焊接。

由于电子设备部件装配中，印制电路板装配元器件的数量多、工作量大，因此整机产品的批量生产都采用流水线进行印制电路板装配。根据产品生产的性质、批量和设备的不同，生产流水线有几种形式：第一种是手工装插、手工焊接，每个工位只负责装配几个元器件，此方式只适用于小批量生产；第二种是手工装插、自动焊接，其生产效率和质量都较高，适合大批量生产；第三种是大部分元器件由机器自动装插、自动焊接，这种方式适用于大规模、大批量生产；第四种是由机器自动贴装、自动焊接，此方式适用于片式元器件的表面安装。

6. 单板焊接要求

（1）电阻、二极管可采用立式安装或水平安装，紧贴印制电路板，且型号和标称值应便于观察。若电阻为色环表示时，其方向应一致。

（2）电解电容尽量插到底部，离线路板的高度不得超过 2 mm。特别注意电解电容的正负极不能插反。片式电容高出印制电路板不得超过 4 mm。

（3）三极管采用立式安装，离印制电路板的高度以 5 mm 为宜。

（4）集成电路、接插件底座应与印制电路板紧贴。

（5）接插件要求焊接美观、均匀、端正、整齐、高低有序。

（6）焊点要求圆滑、光亮、均匀，无虚焊、假焊、搭焊、连焊和漏焊，剪脚后的留头为 1 mm 左右适宜。

7. 插拔式接插件的焊接

（1）插拔式接插件的接头焊接，接头上有焊接孔的需将导线插入焊接孔中焊接，多股线焊接要捻头，焊锡要适中，焊接处要加套管。

（2）焊接要牢固可靠，有一定的插拔强度。

（3）10 芯扁平电缆的焊接，要用专用的压线工具操作。

二、零部件的装配

1. 面板的装配

面板、机壳既构成了电子设备的主体骨架，保护机内部件，也决定了电子设备的外观造型，并为电子设备的使用、维护和运输带来方便。目前电子设备的面板、机壳已向全塑形发展。

根据图样面板装配图，在前面板上一般装配指示灯、显示器件、输入控制开关，在后面板上安装电源开关、电源接插件、熔断器等。在安装时需注意以下几点：

（1）面板上的零部件采用螺钉安装时，需加防松垫圈，既防止松动，又保护面板。

（2）面板、机壳用来安装印制电路板、显像管、变压器等部件，装配时应先里后外、先小后大、先低后高、先轻后重。

（3）印制电路板安装要平稳，螺钉紧固要适中。印制电路板安装距离机壳要有 10 mm 左右的距离，不可紧贴机壳，以免变形、开裂，影响电气性能。

（4）显示器件可粘贴在面板上，再加装螺钉。各种可动件、开关的动作要操作灵活自如。

（5）面板、机壳上的铭牌、装饰板、控制指示、安全标记等，应按要求端正牢固地装接或粘接在固定位置。使用胶黏剂时用量要适当，防止量多溢出。若胶黏剂污染了外壳，要及时用清洁剂擦净。

（6）面板、机壳合拢时，除卡扣嵌装外，用自攻螺钉紧固时，应垂直无偏斜、无松动。装配完毕，用"风枪"清洁面板、机壳表面，然后用泡沫塑料袋封口，装车或装箱。

第 **4** 章 电子设备装配的基本技能

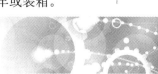

2. 散热器的装配

大功率元器件一般都安装在散热器上，以便提高效率。电子元器件的散热大多采用铝合金材料制成的散热器，安装时元器件与散热器之间的接触面要平整、清洁，装配孔距要准确，防止装紧后安装件变形。散热器上的紧固件要拧紧，保证良好的接触，以利于散热。为使接触面密合，常常在接触面上适当涂些硅脂，以提高散热效率。散热器的安装部位应放在机器的边沿或机壳等容易散热的地方，以提高散热效率。

3. 屏蔽罩的装配

随着电子技术的发展，电子整机日趋微型化、集成化，造成整机内部组件的装配密度越来越高，相互之间产生干扰。为了抑制干扰，提高产品的性能，在整机装配时常采用屏蔽技术，安装屏蔽罩。

屏蔽罩的装配方式有多种。采用螺钉或铆钉装配时，螺钉、铆钉的紧固要牢靠、均匀；采用锡焊方式时，焊点、焊缝应光滑无毛刺。

4. 电源变压器的安装

电源变压器的四个螺孔要用螺钉固定，并加装弹簧垫圈。引线焊接要规范，并用套管套好，防止漏电。

三、整机装配的特点

电子设备的整机装配，在电气上是以印制电路板为支撑主体的电子元器件的电路连接；在结构上是以组成产品的钣金件和塑件，通过紧固零件或其他方法，由内到外按一定的顺序进行安装。电子产品属于技术密集型产品，它的组装具有以下特点：

（1）装配工作通常是机械性的重复工作，由多种基本技术组成。例如元器件的筛选与引线成型技术、导线与线扎的加工处理技术、安装技术、焊接技术、质量检验技术等。

（2）装配工作人员必须进行岗前培训，要求能够识别元器件，熟悉工具的使用，掌握操作技能和质量要求，否则由于知识缺乏和技术水平不高，可能生产出次品。

（3）装配质量的检验一般只用直观判断法，难以用仪表、仪器进行定量分析。例如焊接质量的好坏通常用目测判断，刻度盘、旋钮等的装配质量常用手感鉴定等。

四、总装

总装是电子产品生产过程的一个主要生产环节。

（1）总装前对焊接好的具有一定功能的印制电路板、零部件按上述规则装配到位后，开始按接线图接线，调试合格后进入总装过程。

（2）在总装线上把具有不同功能的印制电路板安装在整机的机架上，并进行电路性能指标的初步调试。调试合格后再把面板、机壳等部件进行合拢总装，如采用通用型机箱，装配相对简单，只需将面板直接插到机箱的导轨就行了。然后检验整机的各种电气性能、机械性能和外观，检验合格后即进行产品包装和入库。

（3）总装的工艺原则是先轻后重、先小后大、先铆后装、先装后焊、先里后外、先上后下、先低后高、上道工序不影响下道工序、下道工序不改变上道工序的连接。

（4）总装的基本要求是：各部件安装牢固可靠，安装元器件的方向、位置要正确，不损伤元器件，不碰伤面板、机壳表面的涂敷层，不破坏整机的绝缘性；装配完毕安装机箱的螺钉时，注意既不要拧得太紧，以免损坏塑料机壳，又要确保产品电气性能稳定和足够的机械强度。

五、装配技能训练

音频信号发生器是电子设备中常用到的小型仪器。这里介绍的正弦波音频信号发生器制作简单，成本低，输出频率有 400 Hz 和 1 000 Hz 两挡。通过装配不仅可以使技术工人得到锻炼，而且可以学到一些关于振荡电路的基础知识。

1. 电路工作原理

如果一个放大器的输入端没有外加的任何信号，而在它的输出端却有一个稳定的高频或低频正弦振荡波形，这就是自激振荡现象。这里介绍的音频信号发生器就是一个正弦波自激振荡器。一个反馈放大器要能产生一个稳定的正弦振荡波，必须具备一定的相位条件和幅值条件。

图 4—36 所示是音频信号发生器的电路原理图。电路中由三极管 VT_1 组成一个反相放大器，它的输出电压与输入电压相位差为 $180°$。要满足振荡电路的相位平衡条件，反馈电路必须使一特定频率的正弦电压通过它时再移相 $180°$，这样就使电路成为一个正反馈电路。简单的 RC 电路就有移相作用，但是一节 RC 电路最大的相移只能接近 $90°$，而且此时信号的输出幅值已接近为零。所以需要三节 RC 移相电路来完成再移相 $180°$这个任务。音频信号发生器就是根据这个原理做成的。

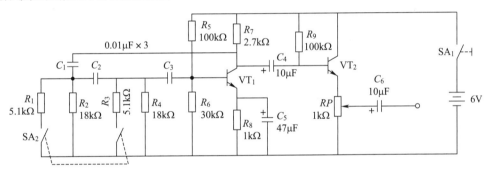

图 4—36 音频信号发生器电路原理图

为了满足振荡器的幅值条件，放大器的电流放大倍数 β 值不能低于 29。但是实际上放大器的放大倍数很难做到一点不差，为了保证振荡器的工作，总是把放大器的放大倍数选得比临界值大一些。这样振荡器的输出信号幅度会不会越来越大呢？由于三极管的工作点进入饱和区与截止区时，电流放大倍数明显减小，最终会使振荡器输出信号的幅度受到限制。不过如果选用的三极管的放大倍数太大，会使振荡器输出的正弦波波形失真过于严重，这一点在实际调试中是要注意的。

在图 4—36 所示电路中的放大器是由三极管 VT_1 等构成的共发射极单管放大电路。电阻器 R_5 和 R_6 是 VT_1 的直流偏置电阻器，R_7 是放大器的负载电阻器，R_8 是发射极反馈电阻，使电路工作得更稳定。电容器 C_5 是发射极旁路电容。振荡器的反馈电路由三节相位领先的 RC 电路组成，它们包括电阻器 R_2、R_4、R_6 和电容器 C_1、C_2、C_3。装配这个音频信号发生器的频率有两挡。电阻器 R_1 和 R_3 是为改变振荡器的振荡频率而设置的。当开关 SA_2 断开时，

音频信号发生器的输出频率为 400 Hz；当开关 SA_2 闭合时，电阻器 R_1 和 R_3 分别并联在电阻器 R_2 和 R_4 上，使 RC 电路的时间常数减小，音频信号发生器的输出频率为 1 000 Hz。为了减小振荡器输出端负载对振荡器频率特性的影响，在电路中加了一级射极输出器，由三极管 VT_2、电阻器 R_9 和电位器 RP 等组成。电容器 C_4、C_6 是耦合电容器。输出信号的大小由电位器来调节。

这台音频信号发生器的最大输出幅度将近 3 V（峰—峰值），信号的失真度为 5%。如果能用双连电位器代替电阻器 R_1 和 R_3（去掉开关 SA_2），就可以实现输出频率的连续调节。

2. 元器件选择

由于这是一个简易的音频信号发生器，可以使用金属膜电阻器，这样电路工作得更稳定些。电路中三极管 VT_1 的放大倍数应在 50 倍左右，三极管 VT_2 的放大倍数应大于 100 倍。三个涤纶电容器的容量应尽量一致。所用的元器件如下所示。

R_1、R_3：5.1 kΩ、1/8 W 碳膜电阻器。

R_2、R_4：18 kΩ、1/8 W 碳膜电阻器。

R_6：30 kΩ、1/8 W 碳膜电阻器。

R_5、R_9：100 kΩ、1/8 W 碳膜电阻器。

R_7：2.7 kΩ、1/8 W 碳膜电阻器。

R_8：1 kΩ、1/8 W 碳膜电阻器。

RP：1 kΩ 微调电位器。

C_1、C_2、C_3：0.01 μF 涤纶电容器。

C_4、C_6：10 μF/10 V 电解电容器。

C_5：47 μF/10 V 电解电容器。

VT_1、VT_2：9014 等 NPN 型三极管。

SA_1：1×2 小型开关。

SA_2：2×2 小型开关。

电路板：50 mm×35 mm 电路板。

3. 电路制作与调试

首先对所用元器件进行检查，对元器件的引线进行处理。按照图 4—37 所示电路板安装图和图 4—38 所示电路板元件图进行组装和焊接。先装电路板上的元器件，后连接开关与电源连线。SA_2 是 2×2 小型开关，它有六个接点，其中一边的两接点不用，中间的两点连接在一起，另外两接点与电路板连接。

电路装好后需要进行调试，用万用表的直流电压挡测量一下三极管 VT_1 的集电极电压，最好在 3 V 左右，否则要改变电阻器 R_5 的阻值。需要注意 VT_1 基极电压的变化对振荡器频率的影响较大，基极电压升高，振荡器的频率也升高。三极管 VT_2 的发射极电压也要在 3 V 左右，如果不合适，应调整电阻器 R_9 的阻值。

为了保证音频信号发生器的输出幅度和工作频率能够更稳定，一定要使用带稳压的电源进行供电。如果要得到精确的输出频率，需要利用频率计进行仔细调整，一般只调整电阻器 R_1～R_4。

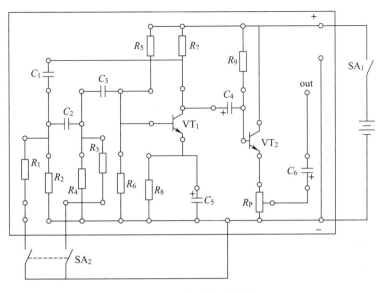

图 4—37　电路板安装图

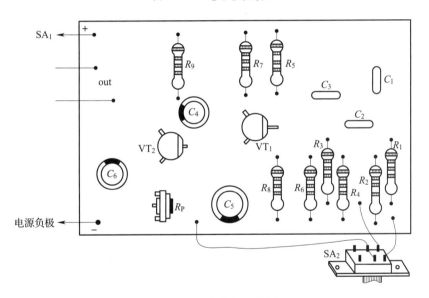

图 4—38　电路板元件图